Python 实验指导与习题集

（第 2 版）

主编 楚 红 梁 磊
主审 李 斌

东南大学出版社
SOUTHEAST UNIVERSITY PRESS
·南京·

内 容 简 介

本书是《Python程序设计教程》的配套教材，注重计算机程序设计语言教学与学生所学专业的融合，是本教材的最大特色。本书分为实验篇和习题篇两个部分。实验篇的前8个为基础验证性实验，目的是强化巩固程序设计基础；后8个为设计应用性实验，包括文本分析、网络爬虫、图像处理、数据分析、科学计算、人工智能等应用案例，读者可根据自己的专业选做其中的部分实验内容。习题篇收集整理了840多道习题，题型包括单选题、填空题、程序改错题、程序填空题和编程题等，供读者及时复习巩固所学内容，也可作为计算机等级考试复习迎考前的练习。

本书可作为各类高校各个专业Python语言程序设计课程的配套教材，也可用作学生参加计算机等级考试的参考资料。

图书在版编目（CIP）数据

Python实验指导与习题集 / 楚红，梁磊主编.
2版. -- 南京 : 东南大学出版社, 2024.8（2025.1重印）.
ISBN 978-7-5766-1512-8

Ⅰ. TP311.561

中国国家版本馆CIP数据核字第20245FV750号

Python 实验指导与习题集（第2版）

Python Shiyan Zhidao Yu Xitiji（Di 2 Ban）

主　　编	楚　红　梁　磊
责任编辑	张　煦
责任校对	子雪莲
封面设计	余武莉
责任印制	周荣虎
出版发行	东南大学出版社
出 版 人	白云飞
社　　址	南京市四牌楼2号　邮编:210096
经　　销	全国各地新华书店
印　　刷	常州市武进第三印刷有限公司
版 印 次	2024年8月第2版　2025年1月第2次修订印刷
开　　本	787 mm×1092 mm　1/16
印　　张	17
字　　数	424千
书　　号	ISBN 978-7-5766-1512-8
定　　价	49.00元

凡因印装质量问题，请直接向东大出版社营销部调换。电话：025-83791830

编委会

主 编 楚 红 梁 磊
主 审 李 斌
编 者 楚 红 梁 磊 卢雪松
　　　 沈启坤 赵 耀 贺兴亚
　　　 张 平 魏同明 王 静
　　　 严彩梅

再版前言

Python 语言是目前最受欢迎的程序设计语言之一。Python 简单易学,从诞生之初就被誉为最容易上手的编程语言,特别适合零基础的学生作为计算机程序设计的入门语言。Python 是开源软件的杰出代表,它营造了一个非常优秀的生态环境,拥有数以万计的功能强大的第三方库,可帮助用户轻松地解决数据分析、科学计算、人工智能、网站开发和网络安全等问题。

本书是《Python 程序设计教程》的配套教材,注重计算机程序设计语言教学与学生所学专业的融合,是本套教材的最大特色。本书分为实验篇和习题篇两个部分。实验篇的前 8 个为基础验证性实验,目的是强化巩固程序设计基础;后 8 个为设计应用性实验,包括文本分析、网络爬虫、图像处理、数据分析、科学计算、人工智能等应用案例,读者可根据自己的专业选做其中的部分实验内容。本次修订重点将习题篇收集整理的近 700 道习题进行升级迭代,题型依然包括单选题、填空题、程序改错题、程序填空题和编程题等,但数量增加到 840 多道,且题干内容更贴近学生生活和社会实践,可供读者在学习 Python 程序设计时能够及时复习巩固所学内容,也可作为计算机等级考试复习迎考前的练习。

本书由楚红、梁磊主编,李斌主审。实验篇参加编写的有卢雪松(实验一、实验四、实验十五和实验十六)、沈启坤(实验二和实验三)、楚红(实验五和实验六)、梁磊(实验七和实验八)、赵耀(实验九)、贺兴亚(实验十)、张平(实验十一和实验十四)、魏同明(实验十二)、王静(实验十三)。习题篇的主要工作由楚红和严彩梅完成。全书最后由卢雪松统稿。

本套教材为扬州大学重点教材。东南大学至善出版基金对本套教材相关的新形态建设给与了资助立项。基于本教材延展设计的教育部产学合作协同育人项目荣获华为优秀成果奖。同时"大学计算机及 Python 语言程序设计"被评为扬州大学卓越本科课程建设项目。本课程采用线上线下混合教学模式,连续几年被评为扬州大学优秀混合课程。在本教材建设和课程建设的过程中,所有作者和教师投入了大量的精力,同时扬州大学教务处对本教材的出版给与了鼎力支持,东南大学出版社的专业编辑也倾注了大量心血,书中部分内容和素材参考或改编自网络资源,在此一并表示衷心的感谢!

囿于作者水平有限,加之编写时间仓促,书中难免有疏漏之处,敬请读者批评指证。

编 者
2024 年 7 月

目录

实 验 篇

- 实验一 Turtle 绘图 ……………………………………………………… (2)
- 实验二 分支结构程序设计 ………………………………………………… (13)
- 实验三 循环结构程序设计 ………………………………………………… (22)
- 实验四 字符串处理 ………………………………………………………… (28)
- 实验五 列表 ………………………………………………………………… (33)
- 实验六 字典与集合 ………………………………………………………… (43)
- 实验七 函数 ………………………………………………………………… (52)
- 实验八 文件 ………………………………………………………………… (57)
- 实验九 文本分析 …………………………………………………………… (60)
- 实验十 网络爬虫 …………………………………………………………… (64)
- 实验十一 图像处理 ………………………………………………………… (72)
- 实验十二 pandas 数据分析 ………………………………………………… (76)
- 实验十三 绘制图表 ………………………………………………………… (82)
- 实验十四 百度 AI 应用 …………………………………………………… (87)
- 实验十五 图灵聊天机器人 ………………………………………………… (92)
- 实验十六 新冠疫情确诊数据分析 ………………………………………… (98)

习 题 篇

第 1 章 Python 程序设计概述 …………………………………………… (108)

  1.1 程序设计 ……………………………………………………………… (108)

    一、单选题 ……………………………………………………………… (108)

    二、填空题 ……………………………………………………………… (109)

  1.2 Python 语言发展概述 ………………………………………………… (109)

    一、单选题 ……………………………………………………………… (109)

    二、填空题 ……………………………………………………………… (110)

  1.3 Turtle 绘图 …………………………………………………………… (110)

    一、单选题 ……………………………………………………………… (110)

    二、填空题 ……………………………………………………………… (112)

1.4 综合应用 ·· (112)
  一、程序填空题 ·· (112)
  二、编程题 ·· (114)

第 2 章 数据类型与运算符 ·· (116)

2.1 标识符及命名规则 ··· (116)
  一、单选题 ·· (116)
  二、填空题 ·· (117)
2.2 基本数据类型 ··· (117)
  一、单选题 ·· (117)
  二、填空题 ·· (120)
2.3 赋值语句 ··· (120)
  一、单选题 ·· (120)
  二、填空题 ·· (121)
2.4 输入输出语句 ··· (122)
  一、单选题 ·· (122)
  二、填空题 ·· (122)
2.5 综合应用 ··· (123)
  一、程序改错题 ·· (123)
  二、程序填空题 ·· (123)
  三、编程题 ·· (124)

第 3 章 Python 流程控制 ·· (126)

3.1 顺序结构 ··· (126)
  一、单选题 ·· (126)
  二、填空题 ·· (126)
3.2 选择结构 ··· (127)
  一、单选题 ·· (127)
  二、填空题 ·· (128)
3.3 循环结构 ··· (129)
  一、单选题 ·· (129)
  二、填空题 ·· (133)
3.4 异常及其处理 ··· (134)
  一、单选题 ·· (134)
  二、填空题 ·· (135)
3.5 标准库的使用 ··· (136)
  一、单选题 ·· (136)
  二、填空题 ·· (138)
3.6 综合应用 ··· (138)
  一、程序改错题 ·· (138)

二、程序填空题 ……………………………………………………………… (142)
　　三、编程题 …………………………………………………………………… (145)

第4章　字符串 …………………………………………………………………… (150)

4.1　字符串及其基本运算 ………………………………………………………… (150)
　　一、单选题 …………………………………………………………………… (150)
　　二、填空题 …………………………………………………………………… (154)

4.2　字符串的格式化 ……………………………………………………………… (155)
　　一、单选题 …………………………………………………………………… (155)
　　二、填空题 …………………………………………………………………… (156)

4.3　正则表达式 …………………………………………………………………… (156)
　　一、单选题 …………………………………………………………………… (156)
　　二、填空题 …………………………………………………………………… (157)

4.4　综合应用 ……………………………………………………………………… (158)
　　一、程序改错题 ……………………………………………………………… (158)
　　二、程序填空题 ……………………………………………………………… (159)
　　三、编程题 …………………………………………………………………… (162)

第5章　列表与元组 ……………………………………………………………… (165)

5.1　列表 …………………………………………………………………………… (165)
　　一、单选题 …………………………………………………………………… (165)
　　二、填空题 …………………………………………………………………… (169)

5.2　元组 …………………………………………………………………………… (171)
　　一、单选题 …………………………………………………………………… (171)
　　二、填空题 …………………………………………………………………… (172)

5.3　综合应用 ……………………………………………………………………… (172)
　　一、程序改错题 ……………………………………………………………… (172)
　　二、程序填空题 ……………………………………………………………… (175)
　　三、编程题 …………………………………………………………………… (178)

第6章　字典与集合 ……………………………………………………………… (181)

6.1　字典 …………………………………………………………………………… (181)
　　一、单选题 …………………………………………………………………… (181)
　　二、填空题 …………………………………………………………………… (184)

6.2　集合 …………………………………………………………………………… (185)
　　一、单选题 …………………………………………………………………… (185)
　　二、填空题 …………………………………………………………………… (186)

6.3　综合应用 ……………………………………………………………………… (187)
　　一、程序改错题 ……………………………………………………………… (187)
　　二、程序填空题 ……………………………………………………………… (191)

三、编程题 ……………………………………………………………………… (193)

第7章 函　数 ……………………………………………………………………… (195)

7.1 函数的概念 ……………………………………………………………… (195)
一、单选题 ……………………………………………………………… (195)
二、填空题 ……………………………………………………………… (196)

7.2 函数的定义和使用 ……………………………………………………… (197)
一、单选题 ……………………………………………………………… (197)
二、填空题 ……………………………………………………………… (198)

7.3 函数的参数 ……………………………………………………………… (199)
一、单选题 ……………………………………………………………… (199)
二、填空题 ……………………………………………………………… (201)

7.4 lambda 函数 …………………………………………………………… (201)
一、单选题 ……………………………………………………………… (201)
二、填空题 ……………………………………………………………… (203)

7.5 变量的作用域 …………………………………………………………… (203)
一、单选题 ……………………………………………………………… (203)
二、填空题 ……………………………………………………………… (206)

7.6 函数的递归调用 ………………………………………………………… (207)
一、单选题 ……………………………………………………………… (207)
二、填空题 ……………………………………………………………… (207)

7.7 综合应用 ………………………………………………………………… (207)
一、程序改错题 ………………………………………………………… (207)
二、程序填空题 ………………………………………………………… (210)
三、编程题 ……………………………………………………………… (213)

第8章 文　件 ……………………………………………………………………… (216)

8.1 文件的操作 ……………………………………………………………… (216)
一、单选题 ……………………………………………………………… (216)
二、填空题 ……………………………………………………………… (219)

8.2 csv 文件操作 …………………………………………………………… (219)
一、单选题 ……………………………………………………………… (219)
二、填空题 ……………………………………………………………… (221)

8.3 综合应用 ………………………………………………………………… (221)
一、程序改错题 ………………………………………………………… (221)
二、程序填空题 ………………………………………………………… (221)
三、编程题 ……………………………………………………………… (222)

第9章 文本分析 …………………………………………………………………… (223)

一、单选题 ……………………………………………………………… (223)

二、填空题 ……………………………………………………………（223）

第 10 章　网络爬虫 …………………………………………………………（225）
　　一、单选题 ……………………………………………………………（225）
　　二、填空题 ……………………………………………………………（226）

第 11 章　图像处理 …………………………………………………………（227）
　　一、单选题 ……………………………………………………………（227）
　　二、填空题 ……………………………………………………………（228）

第 12 章　数据分析 …………………………………………………………（230）
　　一、单选题 ……………………………………………………………（230）
　　二、填空题 ……………………………………………………………（231）

第 13 章　科学计算 …………………………………………………………（233）
　　一、单选题 ……………………………………………………………（233）
　　二、填空题 ……………………………………………………………（233）

参考答案 ………………………………………………………………………（235）

参考文献 ………………………………………………………………………（258）

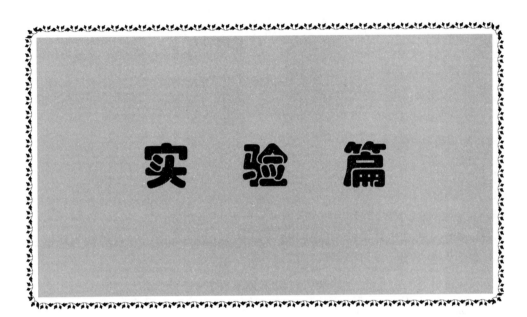

实 验 一
Turtle 绘图

【实验目的与要求】

1. 了解程序编辑与调试的方法与步骤。
2. 掌握 Python IDLE 的使用。
3. 掌握 Turtle 的绘图方法和技巧。

【实验涉及的主要知识单元】

1. Turtle 中的 RGB 色彩体系

RGB 色彩体系采用红、绿、蓝三个通道的颜色组合,每个颜色通道的取值范围为 0~255 的整数或 0~1 的小数,可表达的颜色有 1 600 多万种。

Turtle 的色彩模式默认采用小数值,使用 turtle.colormode(255)可切换为整数值。常用色彩参数对照表见表 1.1。

表 1.1 常用 RGB 色彩

英文名称	RGB 整数值	RGB 小数值	中文名称
white	255,255,255	1,1,1	白色
yellow	255,255,0	1,1,0	黄色
magenta	255,0,255	1,0,1	洋红
cyan	0,255,255	0,1,1	青色
red	255,0,0	1,0,0	红色
blue	0,0,255	0,0,1	蓝色
black	0,0,0	0,0,0	黑色
seashell	255,245,238	1,0.96,0.93	海贝色
gold	255,215,0	1,0.84,0	金色
pink	255,192,203	1,0.75,0.80	粉红色
brown	165,42,42	0.65,0.16,0.16	棕色
purple	160,32,240	0.63,0.13,0.94	紫色
tomato	255,99,71	1,0.39,0.28	番茄色

2. 颜色设置方法

使用 pencolor()、fillcolor()、color()等函数可设置画笔的颜色和填充色。函数的参数可以是小数形式、整数形式、十六进制形式的颜色值或对应的英文名称。例如,设置画笔的

颜色为红色,可使用以下任一种方法:

> turtle. pencolor(1,0,0)
> turtle. pencolor(255,0,0)
> turtle. pencolor('#ff0000')
> turtle. pencolor('red')

3. 几个特殊命令

(1) speed(x)

设置绘图速度,x 为 0~10 之间的整数。x 从 1 到 10,数值越大作图速度越快。当 x 的值大于 10 或者小于 0.5 时,则统一设置为 0,0 表示作图速度最快。

(2) write(arg,move=false,align='left',font=('arial',8,'normal'))

① arg 为将在 turtle 绘图窗口输出的信息。

② move 是可选项,move 为 true,则笔将移动到右下角。在默认情况下,move 为 false。

③ align 是可选项,表示对齐方式。"left"为左,"center"为中,"right"为右。

④ font 是可选项,包括 fontname、fontsize、fonttype 3 个字体信息。

例如:write("致白衣天使",font=("楷体","bold"))

(3) tracer(n=None, delay=None)

设置动画效果的打开和关闭及绘画延迟,两个参数都是非负整数。

① 当 n 设置以后,绘画的动画效果会被关闭,每隔 n 次更新一下屏幕。该功能可用来提高绘画速度。

② Delay 用来设置延迟值。

也可直接用 tracer(True/False)来打开和关闭动画效果。

【实验内容与步骤】

一、修改程序

【程序 1.1】 送你一支玫瑰花。

(1) 启动 Python 的 IDLE,屏幕出现 IDLE 窗口,如图 1.1 所示。

图 1.1　IDLE 窗口

（2）点击"File"菜单中的"Open..."菜单项，屏幕弹出"打开"对话框，如图 1.2 所示。

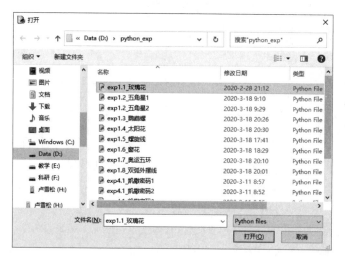

图 1.2 "打开"对话框

在 D 盘的文件夹 python_exp 中选择 Python 程序代码"exp1.1_玫瑰花"，点击"打开"按钮，屏幕弹出 Python 代码窗口，如图 1.3 所示。

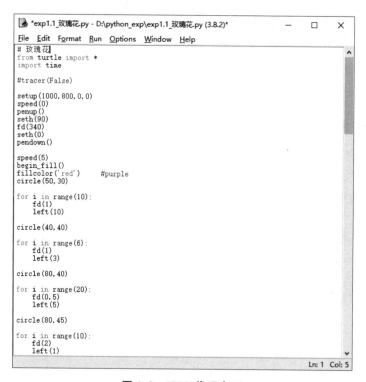

图 1.3 IDLE 代码窗口

（3）点击"Run"菜单中的"RunModule"菜单项，或直接按 F5 键，屏幕弹出"Python Turtle Graphics"窗口，此时可以看到计算机正在一笔一画地绘制玫瑰花图案，直至绘制完毕。如图 1.4 所示。

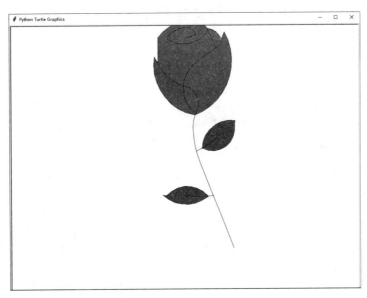

图 1.4 程序绘制的玫瑰花

(4) 如果要求在图片上添加文字"致白衣天使",应该在程序中什么位置添加什么代码?
提示:write("致白衣天使",font=("楷体",25,"bold"))。
(5) 如果要将玫瑰花改为紫色,应怎么修改源代码?
提示:fillcolor("purple")。
(6) 如果要关闭动画效果以提高绘制速度,该如何处理?
提示:tracer(False)。

【程序 1.2】 绘制五角星。

打开 D 盘文件夹 python_exp 中的"exp1.2_五角星 1"代码并运行,结果如图 1.5 所示。

图 1.5 五角星

观察发现五角星的位置有点偏右下。如果要把五角星向左上方调整一定的位置,该如何修改源代码?

书后附二维码:exp1.2_五角星2——参考答案

二、程序填空

【**程序 1.3**】 绘制鹦鹉螺线。

打开 D:\python_exp 文件夹中的"exp1.3_鹦鹉螺"文件,阅读程序代码,然后将"_____"用正确代码替换。

```
# 鹦鹉螺
_____
speed(5)
bgcolor("white")
pencolor("black")
h = 10
for j in range(360):
    for i in range(4):
        forward(h)
        right(90)
    right(3)
    h = h*1.01
```

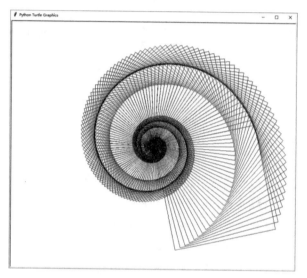

图 1.6 鹦鹉螺

该程序的运行结果如图 1.6 所示。

书后附二维码:exp1.3_鹦鹉螺——参考答案

【**程序 1.4**】 绘制太阳花。

打开 D:\python_exp 文件夹中的"exp1.4_太阳花"文件,阅读程序代码,然后将"_____"用正确代码替换。

```
# 太阳花
import turtle
turtle.color("red", "yellow")    # 同时设置 pencolor 和 fillcolor
turtle.begin_fill()
for i in range(50):
    turtle.forward(200)
    turtle.left(170)
_____
```

该程序的运行结果如图1.7所示。

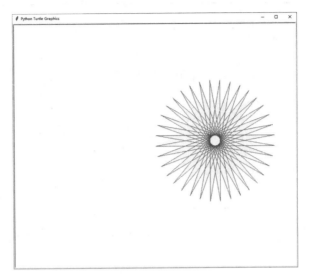

图1.7 太阳花

书后附二维码:exp1.4_太阳花—参考答案

三、程序改错

【程序1.5】 绘制螺旋线。

(1)点击"File"菜单中的"NewFile"菜单项,屏幕弹出代码编辑窗口,如图1.8所示。

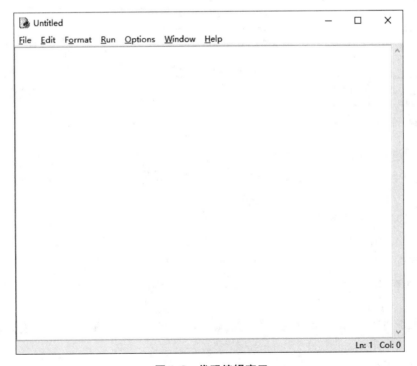

图1.8 代码编辑窗口

（2）输入如下程序代码：

```
#螺旋线
import turtle as t
  t.bgcolor("black")
sides=eval(input("输入要绘制的边的数目，请输入2-6的数字！"))
colors=["red","yellow","green","blue","orange","purple"]
for x in range(150):
t.pencolor(colors[x%sides])
    t.forward(x*3/sides+x)
    t.left(360/sides+1)
    t.width(x*sides/200)
```

（3）点击"Run"菜单中的"RunModule"菜单项，或直接按 F5 键，屏幕弹出如图 1.9 所示对话框。

图 1.9 "运行前保存"对话框

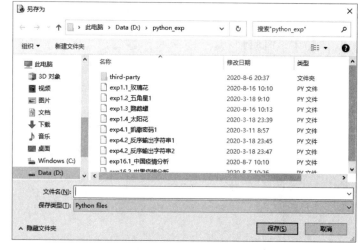

图 1.10 "另存为"对话框

点击"确定"按钮，屏幕弹出"另存为"对话框，如图 1.10 所示。

在"文件名(N):"中输入文件名"螺旋线"，"保存类型"默认为"Python files"，即默认扩展名为.py。

然后点击"保存"按钮。

系统弹出"语法错误"对话框，如图 1.11 所示。

该错误提示在程序代码的第 3 行有个错误标识符。显然这里多了一个空格。删除多余的空格，再重新运行程序，又会出现第二个错误。找出错误并改正，直至整个程序能正确运行为止。

程序正确运行后，首先要求输入要绘制的多边形的边数。如果要绘制五边形图案，则输入 5，如图 1.12 所示。

图 1.11 语法错误提示

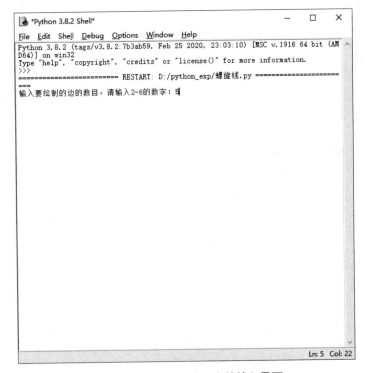

图 1.12 绘制螺旋线程序的输入界面

系统弹出 Turtle 绘图窗口,绘制出螺旋线如图 1.13 所示。

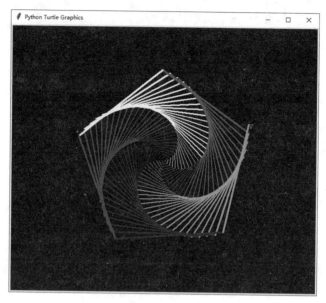

图 1.13 螺旋线

小贴士:如果要终止程序的运行,可以点击 Turtle 绘图窗口的关闭按钮"×"或者直接按 Ctrl+C 键强制退出。

书后附二维码:exp1.5_螺旋线—参考答案

【程序 1.6】 绘制窗花图案。

(1) 创建一个程序,输入如下程序代码,并以文件名"窗花"保存。

```
#窗花
import turtle      # from turtle import *
pensize(10)
speed(8)

# 自定义画圆弧函数
def arc(initial_degree, range_num, step, rotate_degree):
    setheading(initial_degree)
    for n in range(range_num):
        forward(step)
        right(rotate_degree)

# 绘制窗花
for i in range(9):
    pu()
    home()
    pd()
    pencolor("red")
    arc(40*i, 100, 3, 3)
```

(2) 调试程序,找出其中的两个错误并改正,直至程序的运行结果如图 1.14 所示。

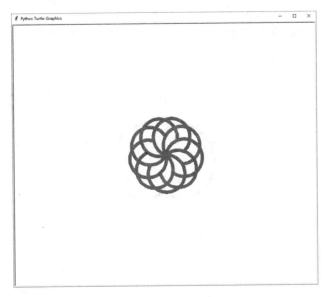

图 1.14 窗花图案

书后附二维码:exp1.6_窗花—参考答案

四、程序设计

【**程序 1.7**】 编写程序,绘制奥运五环图标,如图 1.15 所示。

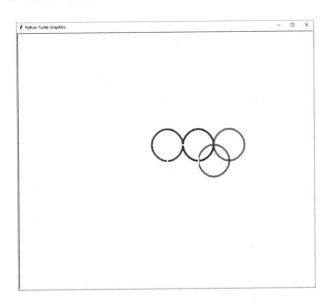

图 1.15 奥运五环

书后附二维码:exp1.7_奥运五环—参考答案

【**程序 1.8**】 已知双弧外摆线的笛卡尔坐标为:(t 为弧度单位)
X=3*25*cos(t)+25*cos(3*t)
Y=3*25*sin(t)+25*sin(3*t)

试编写程序,绘制该图形。双弧外摆线图形如图1.16所示。

图1.16 双弧外摆线

书后附二维码:exp1.8_双弧外摆线—参考答案

实验 二
分支结构程序设计

【实验目的与要求】

1. 掌握 Python 数据的表示方法。
2. 掌握 Python 基本运算符的使用。
3. 掌握 Python 关系运算符和逻辑运算符的使用。
4. 掌握 Python 基本赋值、输入和输出方法。
5. 掌握 Python 单、双及多分支结构的功能和使用。
6. 掌握 if 语句嵌套的功能和使用。

【实验涉及的主要知识单元】

1. Python 常用算术运算符

Python 支持所有基本算术运算符,其常用的算术运算符见表 2.1。

表 2.1 Python 常用算术运算符

运算符	说明	实例	结果
+	加	12.45 + 15	27.45
-	减	4.56 - 0.26	4.3
*	乘	5 * 3.6	18.0
/	除法(和数学中的规则一样)	7 / 2	3.5
//	整除(取商的整数部分)	7 // 2	3
%	取余,即返回除法的余数	7 % 2	1
**	幂运算/次方运算,即返回 x 的 y 次方	2 ** 4	16,即 2^4

2. Python 常用关系运算符和逻辑运算符

Python 用 True 和 False 分别来表示对和错,具体见表 2.2。逻辑运算符有 and、or 以及 not,具体见表 2.3。

表 2.2 Python 逻辑运算真值表

A	B	A and B	A or B
True	True	True	True

(续表)

A	B	A and B	A or B
True	False	False	True
False	True	False	True
False	False	False	False

表 2.3　Python 逻辑运算符及功能

逻辑运算符	含义	基本格式	说明
and	逻辑与运算，等价于数学中的"且"	A and B	当 A 和 B 两个表达式都为真时，A and B 的结果才为真，否则为假
or	逻辑或运算，等价于数学中的"或"	A or B	当 A 和 B 两个表达式都为假时，A or B 的结果才是假，否则为真
not	逻辑非运算，等价于数学中的"非"	not A	如果 A 为真，那么 not A 的结果为假；如果 A 为假，那么 not A 的结果为真。相当于对 A 取反

常用的比较运算符见表 2.4。

表 2.4　Python 比较运算符

比较运算符	说明
>	大于，如果>前面的值大于后面的值，则返回 True，否则返回 False
<	小于，如果<前面的值小于后面的值，则返回 True，否则返回 False
==	等于，如果==两边的值相等，则返回 True，否则返回 False
>=	大于等于，如果>=前面的值大于或者等于后面的值，则返回 True，否则返回 False
<=	小于等于，如果<=前面的值小于或者等于后面的值，则返回 True，否则返回 False
!=	不等于(等价于数学中的 ≠)，如果!=两边的值不相等，则返回 True，否则返回 False
is	判断两个变量所引用的对象是否相同，如果相同则返回 True，否则返回 False
is not	判断两个变量所引用的对象是否不相同，如果不相同则返回 True，否则返回 False

3. Python 基本赋值、输入和输出方法

(1) 赋值

最基本的赋值运算符为"="；

链式赋值：a = b = c = 100；

解包赋值：a, b =100, 200。

扩展的赋值运算符如表 2.5 所示。

表 2.5　Python 扩展赋值运算符

运算符	说　明	用法举例	等价形式
=	最基本的赋值运算	x = y	x = y
+=	加赋值	x += y	x = x + y
-=	减赋值	x -= y	x = x - y
*=	乘赋值	x *= y	x = x * y
/=	除赋值	x /= y	x = x / y
%=	取余数赋值	x %= y	x = x % y
**=	幂赋值	x **= y	x = x ** y
//=	取整数赋值	x //= y	x = x // y
&=	按位与赋值	x &= y	x = x & y
|=	按位或赋值	x |= y	x = x | y
^=	按位异或赋值	x ^= y	x = x ^ y
<<=	左移赋值	x <<= y	x = x << y，这里的 y 指的是左移的位数
>>=	右移赋值	x >>= y	x = x >> y，这里的 y 指的是右移的位数

(2) 基本输入和输出

```
input("提示字符串")
eval(input("提示字符串"))
print(value1, …, valuen, sep=' ', end='\n', file=sys.stdout, flush=False)
```

其中，value1，…，valuen 为多个待输出的变量或值；通过 sep=' '参数设置修改变量间的分隔符，如 sep='|'，默认分隔符为空格；file 参数指定 print()函数的输出目标，file 参数为输入文件名，其默认值为 sys.stdout，该默认值代表了系统标准输出——屏幕。

4. Python 单、双及多分支结构
5. Python 的 if 语句嵌套

【实验内容与步骤】

一、基本运算的使用

启动 Python 的 IDLE，屏幕出现 IDLE 窗口。在 IDLE 窗口中输入下列代码，并记录其执行结果。

1. 基本运算

\>>> 23.45 + 15

\>>> 14.56 - 0.26

\>>> 6 * 3.6

\>>> print(n)　　♯将变量传递给函数

\>>> m = n * 10 + 5
\>>> print(m)

\>>> print(m - 30)

```
>>> 17 / 2
_____
>>> 17 // 2
_____
>>> 17 % 2
_____
>>> 3 ** 2
_____
>>> n = 10
```

2. 数据类型

```
>>> num = 10
>>> type(num)
_____
>>> num = 15.8
>>> type(num)
_____
>>> num = 20 + 15j
>>> type(num)
_____
>>> type(3 * 15.6)
_____
>>> m = 101
>>> print(m)
_____
>>> print( type(m) )
_____
>>> # 给 x 赋值一个很大的整数
>>> x = 8888888888888888888888
>>> print(x)
_____
>>> print( type(x) )
_____
>>> # 给 y 赋值一个很小的整数
>>> y = -7777777777777777777
>>> print(y)
_____
>>> print( type(y) )
_____
>>> m = m * 2  # 将变量本身的值翻倍
>>> print(m)
_____
>>> url = "http://www.yzu.edu.cn/"
>>> str = "扬大官网:" + url
>>> print(str)
_____

>>> # 十六进制
>>> hex1 = 0x45
>>> hex2 = 0x4Af
>>> print("hex1Value:", hex1)
_____
>>> print("hex2Value:", hex2)
_____
>>> # 二进制
>>> bin1 = 0b101
>>> print(' bin1Value:', bin1)
_____
>>> bin2 = 0B110
>>> print(' bin2Value:', bin2)
_____
# 八进制
>>> oct1 = 0O26
>>> print(' oct1Value:', oct1)
_____
>>> oct2 = 0O41
>>> print(' oct2Value:', oct2)
_____
>>> click = 1_301_547
>>> dis = 384_000_000
>>> print("教程阅读量:", click)
_____
>>> print("地球和月球的距离:", dis)
_____
```

\>\>\> f1 = 12.5
\>\>\> print("f1Value：", f1)

_____

\>\>\> f2 = 0.34557808421257003
\>\>\> print("f2Value：", f2)

_____

\>\>\> f3 = 0.000000000000000000000000847
\>\>\> print("f3Value：", f3)

_____

\>\>\> f4 = 34567974513245678732452345345006
\>\>\> print("f4Value：", f4)

_____

\>\>\> f5 = 12e4
print("f5Value：", f5)

_____

\>\>\> f6 = 12.3 * 0.1
\>\>\> print("f6Value：", f6)

_____

\>\>\> c1 = 12 + 0.2j
\>\>\> print("c1Value：", c1)

_____

\>\>\> print("c1Type", type(c1))

_____

\>\>\> a = 21
\>\>\> b = 10
\>\>\> c = 0
\>\>\> c = a + b
\>\>\> print("c 的值为：", c)

_____

\>\>\> c = a % b
\>\>\> print("c 的值为：", c)

_____

\>\>\> # 修改变量 a、b、c
\>\>\> a = 2
\>\>\> b = 3
\>\>\> c = a ** b
\>\>\> print("c 的值为：", c)

_____

\>\>\> c = a//b
\>\>\> print("c 的值为：", c)

_____

3. 逻辑运算
\>\>\> False+1

_____

\>\>\> True+1

_____

\>\>\> 5>3

_____

\>\>\> 4>20

_____

\>\>\> print(False < True)

_____

\>\>\> print(True < True)

_____

\>\>\> import time   #引入 time 模块
\>\>\> var1 = time.gmtime()
\>\>\> var2 = time.gmtime()

\>\>\> print(var1 == var2)

_____

\>\>\> print(var1 is var2)

_____

\>\>\> f=24 + 24.0

_____

\>\>\> type (f)

_____

\>\>\> 56+True

_____

\>\>\> 44+False

_____

\>\>\> 56 + '4'

_____

4. 赋值

\>\>\> a = b = c = 100
print(a, b, c)

\>\>\> a, b = 100, 200
\>\>\> print(a, b)

\>\>\> a, b = b, a
\>\>\> print("a= ",a,"b =",b)
\>\>\> n1 = 100
\>\>\> f1 = 25.5
\>\>\> n1 -= 80
\>\>\> f1 *= n1 - 10
\>\>\> print("n1=%d" % n1)

\>\>\> print("f1=%.2f" % f1)

\>\>\> m = input("请输入整数 1：")
\>\>\> n = input("请输入整数 2：")
\>\>\> print("m 和 n 的差是：",m - n)

\>\>\> print ("m-n=",eval(m)-eval (n))
\>\>\> m = eval(input("请输入整数 1："))
\>\>\> n = eval(input ("请输入整数 2："))
\>\>\> print("m 和 n 的差是：",m - n)

二、修改程序

【程序 2.1】 根据输入的成绩，判别是否及格。

（1）启动 Python 的 IDLE，屏幕出现 IDLE 窗口，如图 2.1 所示。

图 2.1 IDLE 窗口

（2）点击"File"菜单中的"Open..."菜单项,屏幕弹出"打开"对话框,如图 2.2 所示。

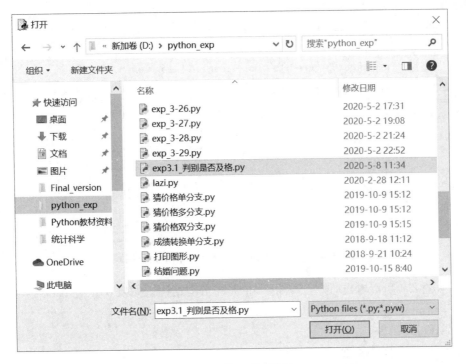

图 2.2 "打开"对话框

在 D 盘的文件夹 python_exp 中选择 Python 程序代码"exp3.1_判别是否及格",点击"打开"按钮,屏幕弹出 Python 代码窗口,如图 2.3 所示。

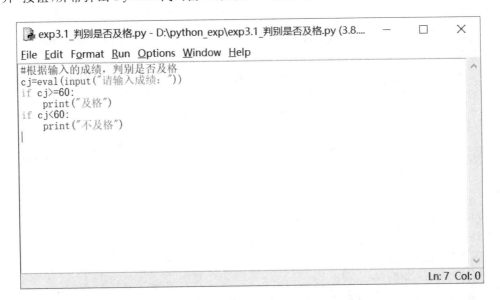

图 2.3 exp3.1_判别是否及格的 IDLE 代码窗口

（3）点击"Run"菜单中的"RunModule"菜单项,或直接按 F5 键。如果输入成绩为 98,则输出"及格",如图 2.4 所示。

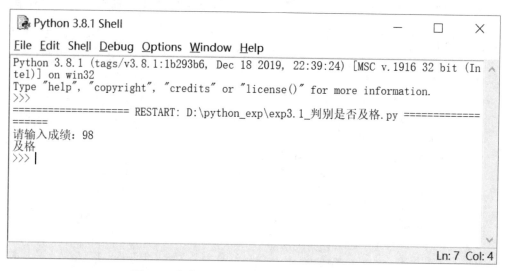

图 2.4　程序 exp3.1_判别是否及格的运行结果

（4）从图 2.4 可以看出，该程序采用 ode 是单分支结构。如果双分支(if-else)，如何修改代码？

提示：if-else 条件。

【程序 2.2】　符号函数。

打开 D 盘文件夹 python_exp 中的"exp2.2_符号函数"代码并运行，运行结果如图 2.5 所示。

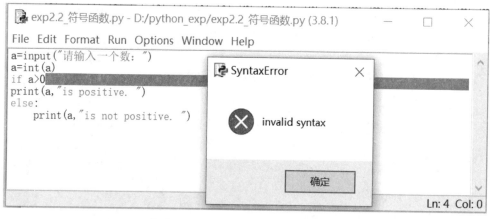

图 2.5　exp2.2_符号函数的运行结果

为什么不能顺利执行代码？该如何修改原代码？

书后附二维码：exp2.2_符号函数—参考答案

三、程序填空

【程序 2.3】　判别空气等级。

打开 D:\python_exp 文件夹中的"exp2.3_判别空气等级"文件，阅读程序代码，然后将"_____"用正确代码替换。

```
    PM25      空气质量等级
#=====================
#0-34       优
#35-74      良
#75-114     轻度污染
#115-149    中度污染
#150-249    重度污染
#250-500    严重污染
#=====================
PM25=eval(input("请输入PM25的值："))
if PM25<35:
    print("空气质量优")
elif PM25<75:
    print("空气质量良")
elif _____(1)_____:
    print("空气轻度污染")
elif PM25<150:
    print("空气中度污染")
elif PM25<250:
    _____(2)_____
elif PM25<500:
    print("空气严重污染")
```

书后附二维码:exp2.3_判别空气等级—参考答案

实验 三
循环结构程序设计

【实验目的与要求】

1. 掌握 Python for 循环的结构程序设计。
2. 掌握 Python while 循环的结构程序设计。
3. 掌握 break 及 continue 语句。
4. 掌握 random 库的使用方法。

【实验涉及的主要知识单元】

1. for 循环语句的功能和用法。
2. while 循环的结构程序设计。
3. break 及 continue 语句。
4. random 库的使用方法。

【实验内容与步骤】

一、Random 库的使用

启动 Python 的 IDLE,屏幕出现 IDLE 窗口。在 IDLE 窗口中输入下列代码,并记录其执行结果。

1. random()函数

```
>>> random()
_____
>>> import random
>>> random()
_____
```

```
>>> from random import *
>>> random()
_____
```

2. uniform(a,b)和 randint(a,b)函数

```
>>> from random import *
>>> uniform(1,5)
_____
>>> randint(0, 100)
_____
```

```
>>> randint(0, 100)
_____
```

3. randrang()函数
>>> from random import *
>>> randrange(1, 10, 2)
_____

>>> randrange(1, 10, 2)
_____

4. choice()和choices()函数
>>> from random import *
>>> choice([1,2,3,4,5])
_____

>>> choice([1,2,3,4,5])
_____

>>> from random import *
>>> choices([1,2,3,4,5],k=3)
_____

>>> choices([1,2,3,4,5], k=2)
_____

>>> choices([1,2,3,4,5], k=4)
_____

>>> choices([1,2,3,4,5], k=5)
_____

>>> choices([1,2,3,4,5],k=1)
_____

>>> choices([1,2,3,4,5])
_____

5. shuffle(x)和sample(seq, k)函数
>>> from random import *
>>> l=[1,2,3,4,5]
>>> s=shuffle(l)
>>> print(l)
_____

>>> print(l)
_____

>>> from random import *
>>> sample([1,2,3,4,5], 2)
_____

>>> sample([1,2,3,4,5], 2)
_____

6. seed(a=None)函数
>>> from random import *
>>> seed(9)
>>> random()
_____

>>> seed(9)
>>> random()
_____

>>> seed(8)
>>> random()
_____

>>> from random import *
>>> random()
_____

>>> random()
_____

>>> random()
_____

二、修改程序

【程序 3.1】 偶数以及偶数和。
(1) 启动 Python 的 IDLE,屏幕出现 IDLE 窗口。
(2) 点击"File"菜单中的"Open..."菜单项,屏幕弹出打开对话框。

在 D 盘的文件夹 python_exp 中选择 Python 程序代码"exp3.1_10 内偶数以及偶数和",点击"打开"按钮,屏幕弹出 Python 代码窗口。

(3) 点击"Run"菜单中的"RunModule"菜单项,或直接按 F5 键。运行结果如图 3.1 所示。

图 3.1　程序 3.1 运行结果

(4) 如果要求显示 1 到 10 之间的奇数并计算它们的和,应该在程序中什么位置修改什么代码?

(5) 如果要求显示 1 到 100 之间的奇数,计算它们的和,并且每行显示 5 个奇数,最后一行显示它们的和,如下所示:

1 3 5 7 9
11 13 15 17 19
21 23 25 27 29
……
81 83 85 87 89
91 93 95 97 99
1 到 100 之间的奇数:2500

则应该如何修改程序?

【程序 3.2】　for 字符串为迭代器。

(1) 打开 D 盘文件夹 python_exp 中的"exp3.2_for 字符串为迭代器"代码并运行。运行结果如图 3.2 所示。

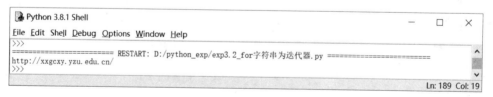

图 3.2　程序 3.2 运行结果

(2) 我们把程序中 print(char, end="")语句替换为下列形式:

print(char, end="+")

则运行结果将变为什么?

(3) 我们把程序中 print(char, end="")中的"end=""""删掉,变为下列形式:

print(char)

则运行结果又将如何改变?

三、程序填空

【程序 3.3】 计算 1 到 100 的整数和。

打开 D:\python_exp 文件夹中的"exp3.3_range()为迭代器"文件,阅读程序代码,然后将"_____"用正确代码替换。

利用 range() 函数进行数值循环。

```
#计算 1 到 100 的整数和
result = 0    #保存累加结果的变量
for i in range(101):
    result = _____    #逐个获取从 1 到 100 这些值,并做累加操作
print("1 到 100 的整数和为:", result)
```

该程序的运行结果如图 3.3 所示。

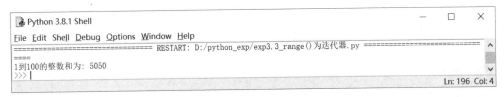

图 3.3 程序 3.3 运行结果

书后附二维码:exp3.3_range()为迭代器—参考答案

【程序 3.4】 range()函数-按序列索引迭代

打开 D:\python_exp 文件夹中的"exp3.4_range()函数-按序列索引迭代"文件,阅读程序代码,然后将"_____"用正确代码替换。

```
#利用 range()函数可以按序列索引迭代
#显示序列中学生姓名,每行显示一个学生姓名
studentName=['张三','李四','王五','刘六','钱皮特']
for n in range(_____):
    print(n, studentName[n])
```

该程序的运行结果如图 3.4 所示。

图 3.4 程序 3.4 运行结果

书后附二维码:exp3.4_range()函数-按序列索引迭代—参考答案

【程序 3.5】 循环嵌套

打开 D:\python_exp 文件夹中的"exp3.5_循环嵌套"文件,阅读程序代码,然后将"_____"用正确代码替换。

```
for i in range(5):
    n=1
    while n<=4-i:
        print(" ",end='')
        _____
    j=1
    while j<=2*i-1:
        _____
        j=j+1
    print()
```

该程序的运行结果如图 3.5 所示。

图 3.5　程序 3.5 运行结果

书后附二维码:exp3.5_循环嵌套—参考答案

四、程序改错

(1) 点击"File"菜单中的"NewFile"菜单项,屏幕弹出代码编辑窗口,在其中输入如下程序代码:

```
#输入密码进入系统
#有 3 次输入机会
passWord="YZU"
count=0
num=1
while count<=3:
    mm=input("请输入密码: ")
    if mm=passWord:
        print("密码正确,欢迎您进入系统!")
        continue
    else:
        if num<=2:
            print("密码不正确,请重新输入密码!")
            print("你还有",3-count,"次输入密码机会")
            num=num+1
        else:
            print("3 次输入密码都不正确!!!")
            print("你不是本系统合法用户!")
        count=count+1
```

(2)调试程序,找出其中的三个错误并改正,直至程序能够正确运行结果。

书后附二维码:实验 3-程序改错—参考答案

五、程序设计

(1)编写程序,绘制如图 3.6 所示图形:

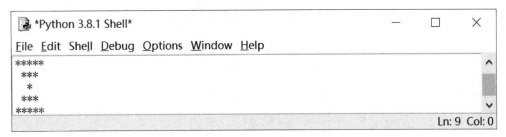

图 3.6 运行结果

书后附二维码:实验 3-程序设计 1—参考答案

(2)回数是一种特殊的数,其正向与反向所表示的数值相等。如果数 abcd=dcba,则称数 abcd 为回数,这里 a、b、c、d 表示 0 到 9 之间的数字符号,如 1111、1221、2002 等。请编写程序,找出并显示 1000 到 9999 之间的回数。

要求:分行显示,每行显示十个。

书后附二维码:实验 3-程序设计 2—参考答案

实 验 四
字符串处理

【实验目的与要求】

1. 理解字符串的概念。
2. 掌握字符串的各种运算。
3. 运用字符串数据类型进行简单的数据处理。

【实验涉及的主要知识单元】

1. 字符串的表达方式。
2. 字符串的内置函数。
3. 字符串对象的方法。

【实验内容与步骤】

一、字符串基本操作

1. 字符串的表示

在交互方式下键入字符串,并观察屏幕显示的内容。

>>> '项羽',"刘邦",'''项羽与刘邦'''
('项羽', '刘邦', '项羽与刘邦')

注意:这里为节省篇幅,将3个字符串在一个命令行同时演示。输出时,Python将这3个字符串构成了一个元组,用小括号标识。同学们也可在一个命令行后仅输入一个字符串,分3次进行验证。元组的概念在教程的第5章中有介绍。

>>> """力拔山兮气盖世。
时不利兮骓不逝。
骓不逝兮可奈何!
虞兮虞兮奈若何!"""

'力拔山兮气盖世。\n时不利兮骓不逝。\n骓不逝兮可奈何!\n虞兮虞兮奈若何!'

注意:中英文标点的使用!\n 表示换行符。

>>> 123,'123',False,'False'   #注意加不加字符串括号,意义不同。
(123, '123', False, 'False')

2. 字符串的基本运算

>>> '8'+'9',8+9,'2'*3,2*3
('89', 17, '222', 6)

```
>>> ' Han'+"Dynasty",'有志者'+'事竟成'
(' HanDynasty','有志者事竟成')
>>> ' Hn' in ' Han Dynasty','韩信' in '汉初三杰:张良、萧何、韩信'
(False,True)
>>> '韩信' not in '汉初三杰:张良、萧何、韩信'
True
```

3. 字符串内置函数

```
>>> len(' Python'),len(' '),len('项羽'),len('项 羽') # ' '里包含有一个空格
(6,1,2,3)
>>> '年龄:'+str(19)
'年龄:19'
```

试一下,如果这里不用str()函数,直接输入'年龄:'+19,会出现什么情况,为什么?

```
>>> chr(65),ord(' A'),chr(ord(' a')+3)
(' A',65,' d')
>>> eval(' 123'),eval(' 2e3'),eval(' 2+3'),eval(' pow(2,3)')
(123,2000.0,5,8)
```

4. 字符串对象的方法

```
>>> string1='有志者事竟成破釜沉舟百二秦关终属楚'
>>> string1.find('事'),string1.find('沉舟'),string1.find('千')
(3,8,-1)          #8是字符串"沉舟"的起始位置
>>> string2='沛公军霸上,未得与项羽相见。沛公左司马曹无伤使人言于项羽曰:"沛公欲王关中,使子婴为相,珍宝尽有之。"'
>>> string2.count('沛公')
3
>>> string2.replace('沛公','刘邦')
'刘邦军霸上,未得与项羽相见。刘邦左司马曹无伤使人言于项羽曰:"刘邦欲王关中,使子婴为相,珍宝尽有之。"'
>>> string2
'沛公军霸上,未得与项羽相见。沛公左司马曹无伤使人言于项羽曰:"沛公欲王关中,使子婴为相,珍宝尽有之。"'
```

注意:string2为不可变对象,string2.replace('沛公','刘邦')并未改变string2的值。

```
>>> string3=' Yangzhou University ' #首尾各有一个空格
>>> string3.lower(),string3.upper(),string3.strip()
(' yangzhou university ',' YANGZHOU UNIVERSITY ','Yangzhou University')
>>> ' 123'.isalnum(),' Python123'.isalnum(),'扬1益2'.isalnum(),' a1+a2'.isalnum()
(True,True,True,False)    #是否全为字母和数字,汉字和字母不区分
>>> ' 123'.isalpha(),' Python123'.isalpha(),' Python'.isalpha(),'我学Python'.isalpha()
```

(False,False,True,True)#是否全为字母和汉字

\>\>\>' 123'.isdigit(),' Python123'.isdigit(),' 2+3'.isdigit()

(True,False,False)#是否全为数字

\>\>\>' Yangzhou'.islower(),' yangzhou'.islower(),' a1+a2'.islower(),'扬州 4.18'.islower()

(False,True,True,False)#是否全为小写字母,不管数字和标点符号,汉字既不是小写字母也不是大写字母

\>\>\>' Yangzhou'.isupper(),' YANGZHOU'.isupper(),' AB+12'.isupper(),'扬州 4.18'.isupper()

(False,True,True,False)#是否全为大写字母,不管数字和标点符号,汉字既不是小写字母也不是大写字母

\>\>\>'有志者,事竟成,破釜沉舟,百二秦关终属楚'.split(',')#拆分字符串,生成列表

['有志者','事竟成','破釜沉舟','百二秦关终属楚']

\>\>\>'-'.join(('苦心人','天不负','卧薪尝胆','三千越甲可吞吴'))#连接元组的元素,生成字符串

'苦心人-天不负-卧薪尝胆-三千越甲可吞吴'

二、修改程序

【程序 4.1】 字符串加密。

(1) 对明文中所有字符加密。

加密规则是将明文的每个字符转换成其在 Unicode 编码表中后续的第 3 个字符。

在 IDLE 窗口中打开 D:\python_exp 文件夹中的"exp4.1_恺撒密码 1"文件,程序代码如下:

```
#恺撒密码 1
plaintext=input('请输入明文：')
ciphertext=''
for char in plaintext:
    ciphertext+=chr(ord(char)+3)
print('明文为: '+plaintext)
print('密文为: '+ciphertext)
```

运行程序,结果如下:

=============== RESTART：E:/pylxs/恺撒密码 1.py =============

请输入明文:我在使用 Python 3.8.2

明文为:我在使用 Python 3.8.2

密文为:戏坯侫甯 S|wkrq#61;15

经过观察分析,发现所有的字符都被加密转换了。

(2) 修改上述程序代码,要求仅对明文中的英文字母加密。

如果只对英文字母进行加密,应如何修改程序?

提示:问题的关键在于如何判断一个字符是英文字母,而且英文字母有大小写之分。

使用条件 ord('A')<=ord(char)<=ord('Z') or ord('a')<=ord(char)<=ord('z')可以解决这个问题。

书后附二维码：exp4.1_恺撒密码 2—参考答案

(3) 字母循环加密。

分析运行结果，进一步发现字母"y"被转换成了字符"|"，如果严格遵循恺撒规则，需将"y"转换成"b"，该如何修改呢？

提示：小写字母用 chr((ord(char)－97＋3)％26＋97)变换，大写字母请自行考虑。

书后附二维码：exp4.1_恺撒密码 3—参考答案

(4) 使用 string 模块的函数进行加密。

换种思路来实现恺撒密码。

```
import string
s = input('请输入明文：')
lower = string.ascii_lowercase  #小写字母列表
upper = string.ascii_uppercase  #大写字母列表
before = string.ascii_letters   #小写大写字母列表
after = lower[3:] + lower[:3] + upper[3:] + upper[:3]
table = ''.maketrans(before, after) #创建加密规则映射表
print('明文为：'+s)
print('密文为：'+s.translate(table))
```

运行程序，结果如下：

============== RESTART：E:/pylxs/恺撒密码 4.py ================

请输入明文：我在使用 Python 3.8.2
明文为：我在使用 Python 3.8.2
密文为：我在使用 Sbwkrq 3.8.2

三、程序填空

【程序 4.2】 反序输出字符串。

(1) 打开 D:\python_exp 文件夹中的"exp4.2_反序输出字符串 1"文件，阅读程序代码，然后将"_____"用正确代码替换。

```
#反序输出字符串 1
string1='有志者事竟成破釜沉舟百二秦关终属楚'
string2=string1 _____
print(string1)
print(string2)
```

书后附二维码：exp4.2_反序输出字符串 1—参考答案

(2) 打开 D:\python_exp 文件夹中的"exp4.2_反序输出字符串 2"文件，阅读程序代码，然后将"_____"用正确代码替换。

```
#反序输出字符串2
string1='有志者事竟成破釜沉舟百二秦关终属楚'
string2=_____
for ch in string1:
    string2 =_____
print(string1)
print(string2)
```

书后附二维码:exp4.2_反序输出字符串2—参考答案

四、程序改错

【程序4.3】 将一个字符串中的各个单词的首字母组成缩写形式(大写)。

(1) 新建一个程序,输入如下代码,以文件名"exp4.3_首字母缩写"保存。

```
#首字母缩写
string='yang zhou university'
result=''
while string:
    string=string.strip()
    result += string[0]
    n=string.find(' ')
    string=string[n:]
result = result.upper()
print(result)
```

(2) 运行该程序,发现并没给出期望的结果"YZU",光标在不断闪烁,表明处于死循环状态。按Ctrl+C或"Shell"菜单中的"Interrupt Execution"命令终止程序的运行。回到程序代码中排查错误。

(3) 可能会一时找不到问题所在。此时可在循环体的最后插入一条print(string)语句,检测字符串string的值的变化。

重新运行程序后,依然处于死循环状态,但我们看到系统在不断地输出string的值。按Ctrl+C中断后,回到上方,我们发现string的取值依次为"zhou university""university""y",然后一直重复"y"。说明前面是正确的,到最后出了问题。仔细分析原因,为什么string一直取值"y"?

提示:string.find(' ')找不到空格时,其返回值为−1。

(4) 修改并运行程序,直至得到正确结果。

提示:在程序中适当位置插入if语句,控制循环正常结束。

书后附二维码:exp4.3_首字母缩写—参考答案

五、程序设计

对用户从键盘输入的学号、姓名和性别等学生信息进行合法性检查。若数据不合法,则给出相应的错误提示;若三者都符合要求,则反馈"数据符合要求!"的信息。要求:

① 学号是由9位纯数字字符组成的字符串;

② 姓名由2—4个汉字组成;

③ 性别只能是"男"或"女"。

书后附二维码:exp4.4_学生学习校验—参考答案

实验五
列表

【实验目的与要求】

1. 理解列表的概念
2. 掌握列表的各种运算。
3. 运用列表数据类型进行简单的数据处理。

【实验涉及的主要知识单元】

1. 列表的表达方式。
2. 列表的内置函数。
3. 列表对象的方法。

【实验内容与步骤】

一、创建列表及列表元素的访问

1. 直接创建列表

    ≫ aList = [ ]

    ≫ aList

    ≫ bList = [1, "BA", "The Boeing Company", 184.76, True]

    ≫ bList

    ≫ cList = [["仓颉",87],["虞舜",92],["项羽",97]]

    ≫ cList

2. 字符串转换成列表

    ≫ dList = list("Python")

    ≫ dList

    ≫ eList = "I study Python".split()

    ≫ eList

3. 列表生成式产生列表

    ≫ fList = [x for x in range(1, 10, 2)]

    ≫ fList

    ≫ gList = [[x,y] for x in [1,2,3] for y in [3,1,5] if x!=y]

    ≫ gList

    ≫ hList = [x+y for x in "ABC" for y in "DEF"]

    ≫ hList

4. 列表元素及列表切片
>>> iList = [1,2,3,4,5,6]
>>> iList[3]
>>> iList[2:5]
>>> iList[:2]
>>> iList[4:]
>>> iList[5:1:-1]
>>> iList[2:2]

5. 列表基本运算
>>> jList = ["项庄","韩信"]
>>> kList = ["英布","彭越"]
>>> jList+kList
>>> lList=[jList * 3]
>>> lList
>>> mList = jList * 3
>>> mList

注意：

(1) 如果需要创建 100 个元素的数值列表，初值均为 0，则可以采用以下方法：

list1 = [0] * 100

list2 = [0 for i in range(100)]

>>> mList=["项庄","韩信","英布","彭越"]
>>> "项庄"in mList
>>> "ABC"not in mList

(2) "="运算和"+="运算的区别

列表的"+"运算	列表的"+="运算
>>> a1 = list(range(3))	>>> a1 = list(range(3))
>>> a2 = a1	>>> a2 = a1
>>> a2 = a2 + [3]	>>> a2 += [3]
>>> a1	>>> a1
[0, 1, 2]	[0, 1, 2, 3]
>>> a2	>>> a2
[0, 1, 2, 3]	[0, 1, 2, 3]

从以上两段代码可以看出，"="运算创建了新的列表，"+="运算没有创建新的列表。

二、列表的插入、删除、更新操作

1. 向列表中插入元素
>>> list1=[1,3,5,7,9]
>>> list1.append(11)
>>> list1
>>> list1.insert(list1.index(7),6)
>>> list1

>>> list1.append([2,4])
>>> list1
>>> list1.extend([8,10])
>>> list1

2. 删除列表元素

>>> list1=[1,3,5,7,9]
>>> del list1[2]
>>> list1
>>> list1.remove(3)
>>> list1
>>> list1.remove(4) #出错,超出列表索引最大值
>>> n=list1.pop() #pop 方法未指定索引编号,默认索引标号为-1,即最后一个元素
>>> n

3. 更新列表元素

>>> list1=[4,2,5,6,1,3]
>>> list1[2]=8
>>> list1
>>> list1[:2]=[1]
>>> list1
>>> list1[4:]=[7,8,9]
>>> list1

4. 排序列表元素

>>> list1=[4,2,5,6,1,3]
>>> list1.sort()
>>> list1
>>> list1.sort(reverse=False)
>>> list1
>>> list1.reverse()
>>> list1
>>> list2=[[3,4],[2,1],[5,3],[4,6]]
>>> list2.sort()
>>> list2

三、遍历列表

1. 利用索引号遍历列表

```
list1=["项庄","韩信","英布","彭越"]
for i in range(len(list1)):
    print(list1[i],end=" ")
```

2. 利用迭代遍历列表

```
list1=["项庄", "韩信", "英布","彭越"]
for i in range(len(list1)):
    print(list1[i],end=" ")
```

3. 利用枚举遍历列表

```
list1=['项庄','韩信','英布','彭越']
for i,st in enumerate(list1):
    print("序号：{}\t值：{}".format(i+1,st))
```

四、综合应用

1. 程序改错

【程序 5.1】 有如下值集合[11,22,33,44,55,66,77,88,99,90]，将所有大于 66 的值保存至字典的第一个 key 的值中，将小于 66 的值保存至第二个 key 的值中。

说明：即{'k1': 大于 66 的所有值, 'k2': 小于 66 的所有值}

打开 D:\python_exp 文件夹中的"exp5.1.py"文件，阅读程序代码，然后将"＃＊＊＊＊＊＊＊＊＊＊FOUND＊＊＊＊＊＊＊＊＊＊"下面的错误代码修改正确。

```
li = [11, 22, 33, 44, 55, 66, 77, 88, 99, 90]
max66=[]
min66=[]
#*********FOUND*********
for i in li.len():
#*********FOUND*********
    if(i>=66):
        max66.append(i);
#*********FOUND*********
    elif(i<=66):
        min66.append(i);
dic66 = {}
dic66["k1"]=max66
dic66["k2"]=min66
print(dic66)
```

书后附二维码：exp5.1—参考答案

【程序 5.2】 某个公司采用公用电话传递数据，数据是四位的整数，数据在传递过程中是加密的，加密规则如下：每位数字都加上 5，然后除以 10 的余数代替该位数字。再将新生成数据的第一位和第四位交换，第二位和第三位交换。请改正程序中的错误，使它能得出正确的结果。

例如：输入一个四位整数 1234，则结果为 9876。

打开 D:\python_exp 文件夹中的"exp5.2"文件，阅读程序代码，然后将"＃＊＊＊＊＊＊＊＊＊＊FOUND＊＊＊＊＊＊＊＊＊＊"下面的错误代码修改正确。

```
#**********FOUND**********
a = input('请输入一个四位数字:\n')
aa = []
aa.append(a%10)
#**********FOUND**********
aa.append(a//100//10)
aa.append(a%1000//100)
aa.append(a//1000)
#**********FOUND**********
for i in range(5):
    aa[i] += 5
    aa[i] %= 10
for i in range(2):
    aa[i],aa[3 - i] = aa[3 - i],aa[i]
for i in range(3,-1,-1):
    print(str(aa[i]),end="")
```

书后附二维码:exp5.2—参考答案

【**程序 5.3**】 输入 5 个学生的数据记录。学生数据包含学号(<6 位)、姓名和三门课程成绩。将学生数据分 5 行输出。请改正程序中的错误,使它能得出正确的结果。

打开 D:\python_exp 文件夹中的"exp5.3"文件,阅读程序代码,然后将"#**********FOUND**********"下面的错误代码修改正确。

```
N = 5
stu = []
for i in range(N):
    stu.append(['','',[]])
for i in range(N):
    stu[i][0] = input("请输入第{}个学生学号: ".format(i+1))
    stu[i][1] = input("请输入第{}个学生姓名: ".format(i+1))
    for j in range(3):
        #**********FOUND**********
        stu[i].append(input("请输入第{}个成绩: ".format(j + 1)))
#**********FOUND**********
for i in range(1,N+1):
    print('{:<6}  {:<10}'.format(stu[i][0],stu[i][1] ),end="")
    for j in range(3):
        #**********FOUND**********
        print('{:<4d}'.format(stu[2][j]),end="  ")
    print()
```

书后附二维码:exp5.3—参考答案

【**程序 5.4**】 由 N 个有序整数组成的数列已放在一维数组中,下列给定程序中函数 fun 的功能是:利用折半查找法查找整数 m 在数组中的位置。若找到,返回其下标值;否则,返回-1。请改正程序中的错误,使它能得出正确的结果。

设计思路:

折半查找的基本算法是:每次查找前先确定数组中待查的范围 low 和 high(low < high),然后用 m 与中间位置(mid)上元素的值进行比较。如果 m 的值大于中间位置元素的值,则下一次的查找范围落在中间位置之后的元素中;反之,下一次的查找范围落在中间位置之前的元素中。直到 low > high,查找结束。

打开 D:\python_exp 文件夹中的"exp5.4"文件,阅读程序代码,然后将"#**********FOUND**********"下面的错误代码修改正确。

```
a =[-3, 4, 7, 9, 13, 45, 67, 89, 100, 180]
print("a 数组中的数据如下:")
for i in range(len(a)):
    print("{} ".format(a[i]),end=" ")
print()
m = int(input("请输入要查找的整数 m,并按回车继续:"))
low=0
high=len(a)-1
while(low<=high):
    #**********FOUND**********
    mid=(low+high)/2
    if(m<a[mid]):
        high=mid-1
    #**********FOUND**********
    elif(m==a[mid]):
        low=mid+1
    else:
        k=mid
        break
else:
    k=-1
if(k>=0):
    print("m={},index={}".format(m,k))
else:
    print("没有找到!")
```

书后附二维码:exp5.4——参考答案

2. 程序填空

【程序 5.5】 请编写程序完成以下操作。

(1)有列表 nums = [2, 7, 11, 15, 1, 8],请找到列表中任意相加等于 9 的元素集合,如[(2, 7),(1, 8)]。

设计思路:

针对 nums 列表中的元素依次判断两两相加结果是否为 9,可采用双重循环实现,如果满足条件,则将两个元素构造成一个元组,将该元组添加到结果列表中。

打开 D:\python_exp 文件夹中的"exp5.5_1"文件,阅读程序代码,然后将"_____"替换成正确代码。

```
nums = [2, 7, 11, 15, 1, 8]
l1 = []
l = _____
for i in _____ :
    for j in range(i+1, l):
        if nums[i] + nums[j] == 9:
            n = (nums[i], nums[j])
            _____
print(l1)
```

书后附二维码:exp5.5_1—参考答案

(2) 存在若干单词"alex "、" aric"、"Alex "、"Tony "、" rain",请移除每个单词的空格,并查找以 a 或 A 开头并且以 c 结尾的所有单词。

设计思路:

若干单词的存放容器,可以通过列表实现,也可以通过元组实现。不管采用何种形式表示,其后续操作原理没有区别。此题需要用到几个字符方法。strip()方法用于去掉字符串首尾空格。endswith(' c')和 startswith(' a')方法用于判断是否以字符' c'结尾、是否以字符' a'开头。此处需要注意方法名前面必须加字符串变量名前缀。

打开 D:\python_exp 文件夹中的"exp5.5_2"文件,阅读程序代码,然后将"_____"替换成正确代码。

```
li = ["alex  ", "  aric", " Alex ", "Tony  ", "  rain"]
for i in _____:
    v = i.strip()
    if _____:
        if v.startswith('a') or v.startswith('A'):
            print(v)
```

书后附二维码:exp5.5_2—参考答案

3. 程序设计

【程序 5.6】 用列表实现杨辉三角前 10 行的输出。

```
1
1  1
1  2  1
1  3  3  1
1  4  6  4  1
1  5  10  10  5  1
1  6  15  20  15  6  1
1  7  21  35  35  21  7  1
1  8  28  56  70  56  28  8  1
1  9  36  84  126  126  84  36  9  1
```

设计思路:

此题相当于采用一维数据来输出一个二维数组。要输出多少行,则表示要循环多少次。

根据杨辉三角的特点,首先在列表的最后追加一个元素,且该元素值恒为1。其次就是求第二个元素到倒数第2个元素的值,通过上面的杨辉三角可以总结出一个规律,即当前元素的新值为该元素的原值与前一个元素值的和。最后输出该列表。如此反复,即可按要求输出杨辉三角形。

书后附二维码:exp5.6_杨辉三角——参考答案

【程序 5.7】 编写小学生算术能力测试系统。

现已设计了一个程序,用来帮助小学生进行百以内的算术练习,它具有以下功能:

① 提供10道加、减、乘或除四种基本算术运算的题目;
② 练习者根据显示的题目输入自己的答案;
③ 程序自动判断输入的答案是否正确并显示出相应的信息;
④ 结束时要求输出总答题数、正确题数以及正确率。

设计思路:

以下程序段能基本实现上述功能,但在运行过程中还存在一些问题。请在以下代码的基础上,进一步完善该程序,主要需解决以下几个方面的问题:

问题一:两数相加时,结果要求仍旧为两位数;
问题二:两数相减,结果不能为负数;
问题三:两数相乘时,只能是两位数乘以一位数;
问题四:两数相除时,必须能整除,不能出现余数。

参考初始代码:

```python
import random
# 定义用来记录总的答题数目和回答正确的数目
count = 0
right = 0
# 因为题目要求:提供10道题目
while count <= 10:
    # 创建列表,用来记录加减乘除四大运算符
    op = ['+', '-', '*', '/']
    # 随机生成op列表中的字符
    s = random.choice(op)
    # 随机生成0-100以内的数字
    a = random.randint(0, 100)
    # 除数不能为0
    b = random.randint(1, 100)
    print('%d %s %d = ' %(a, s, b))
    # 默认输入的为字符串类型
    question = input('请输入您的答案:(q 退出)')
    # 判断随机生成的运算符,并计算正确结果
    if s == '+':
        result = a + b
    elif s == '-':
```

```
        result = a - b
    elif s == '*':
        result = a * b
    else:
        result = a / b
    # 判断用户输入的结果是否正确,str 表示强制转换为字符串类型
    if question == str(result):
        print('回答正确')
        right += 1
        count += 1
    elif question == 'q':
        break
    else:
        print('回答错误')
        count += 1
# 计算正确率
if count == 0:
    percent = 0
else:
    percent = right / count
print('''测试结束,共回答{:2d}道题,回答正确个数为{:2d},
    正确率为{:.2f}'''.format(count, right, percent * 100))
```

在修改代码后,尽可能使输出界面如下所示,为了节约调试时间,可先将题目数改为5题,当界面完全满足要求后,再将题目数改成10题:

第1题.2×4=8

第2题.70-22=55

第3题.77-26=51

第4题.33-0=32

第5题.50+5=55

总答题数:5 正确题数:3题 正确率:60.00%

错误题号为:2、4

批阅结果如下:

第1题.2×4=8√

第2题.70-22=55×

第3题.77-26=51√

第4题.33-0=32×

第5题.50+5=55√

第1题.44÷2=22

第2题.65-26=39

第 3 题. 69＋30＝99

第 4 题. 7×8＝56

第 5 题. 53＋34＝87

总答题数：5 正确题数：5 题 正确率：100.00％

错误题号为：无

批阅结果如下：

第 1 题. 44÷2＝22√

第 2 题. 65－26＝39√

第 3 题. 69＋30＝99√

第 4 题. 7×8＝56√

第 5 题. 53＋34＝87√

书后附二维码：exp5.7_四则运算—参考答案

实 验 六
字典与集合

【实验目的与要求】

1. 掌握字典和集合的创建和访问。
2. 掌握字典和集合的基本操作。
3. 运用字典数据类型进行简单的数据处理。

【实验涉及的主要知识单元】

1. 字典和集合的表达方式。
2. 字典和集合的内置函数。
3. 字典对象的方法。
4. 集合的基本运算。

【实验内容与步骤】

一、创建字典及字典的访问

1. 直接创建字典

    >>> dic1={"数学":101,"语文":202,"英语":203,"物理":204,"生物":206}
    >>> dic2={}

2. 用 dict()函数创建字典

    s="数学:101,语文:202,英语:203,物理:204,生物:206"

    将字符串 s 转换为字典，要求以课程名为键，分数为值。

    >>> s="数学:101,语文:202,英语:203,物理:204,生物:206"
    >>> lst1=[x.split(":") for x in s.split(",")]
    >>> lst1
    [['数学', ' 101'], ['语文', ' 202'], ['英语', ' 203'], ['物理', ' 204'], ['生物', ' 206']]
    >>> dic1=dict(lst1)
    >>> dic1
    {'数学'：' 101'，'语文'：' 202'，'英语'：' 203'，'物理'：' 204'，'生物'：' 206'}

3. 用 formkeys()方法创建字典

    >>> s="张良、韩信、陈平、曹参、萧何"
    >>> dic_info={}.fromkeys(s.split("、"),99)
    >>> dic_info

{'张良':99,'韩信':99,'陈平':99,'曹参':99,'萧何':99}

4. 通过 zip() 函数和 dict() 函数将两个列表组合

>>> lst1=["张良","韩信","陈平","曹参","萧何"]

>>> lst2=[78,89,86,83,93,98]

>>> dict(zip(lst1,lst2))

{'张良':78,'韩信':89,'陈平':86,'曹参':83,'萧何':93}

当 lst1 元素个数少于 lst2 时,以少的元素个数建立字典。

>>> lst1=["张良","韩信","陈平","曹参","萧何"]

>>> lst2=[78,89,86,83]

>>> dict(zip(lst1,lst2))

{'张良':78,'韩信':89,'陈平':86,'曹参':83}

5. 字典的基本操作

dic1={'张良':78,'韩信':89,'陈平':86,'曹参':83}

(1) 获取字典键所对应的值

>>> dic1={'张良':78,'韩信':89,'陈平':86,'曹参':83}

>>> dic1['韩信']

89

>>> dic1['刘邦']

Traceback (most recent call last):

　　File "<pyshell#24>", line 1, in <module>

　　　　dic1['刘邦']

KeyError: '刘邦'

>>> dic1.get("刘邦","该键不存在")

'该键不存在'

(2) 判断键是否在字典中

>>> dic1={'张良':78,'韩信':89,'陈平':86,'曹参':83}

>>> '陈平' in dic1

True

>>> '项羽' not in dic1

True

(3) 字典合并

>>> dic1={'张良':78,'韩信':89,'陈平':86,'曹参':83}

>>> dic2={'范增':87,'韩信':98,'龙且':83,'季布':85}

>>> dic1.update(dic2)

>>> dic1

{'张良':78,'韩信':98,'陈平':86,'曹参':83,'范增':87,'龙且':83,'季布':85}

二、字典的插入、删除、更新操作

1. 插入字典条目

>>> dic1={'张良':78,'韩信':89,'陈平':86,'曹参':83}

>>> dic1['范增']=90

>>> dic1

{'张良':78,'韩信':89,'陈平':86,'曹参':83,'范增':90}

2. 更新字典条目

>>> dic1={'张良':78,'韩信':89,'陈平':86,'曹参':83}

>>> dic1['韩信']=98

>>> dic1

{'张良':78,'韩信':98,'陈平':86,'曹参':83}

如有列表 list = ['K',['wer',20,{'k1':['tt',3,'1']},89,'ab'],需要将'tt'改成大写。

>>> list = ['K',['wer',20,{'k1':['tt',3,'1']},89,'ab']

>>> list[1][2]['k1'][0]=list[1][2]['k1'][0].upper()

>>> list

['K',['wer',20,{'k1':['TT',3,'1']},89,'ab']

3. 删除字典条目

(1) 使用 del 命令删除指定条目

>>> dic1={'张良':78,'韩信':89,'陈平':86,'曹参':83}

>>> del dic1['韩信']

>>> dic1

{'张良':78,'陈平':86,'曹参':83}

>>> del dic1['韩信']

Traceback (most recent call last):
　　File "<pyshell#50>", line 1, in <module>
　　　　del dic1['韩信']

KeyError:'韩信'

(2) 使用 pop() 方法删除指定条目

>>> dic1={'张良':78,'韩信':89,'陈平':86,'曹参':83}

>>> dic1.pop("陈平")

86

>>> dic1.pop("陈平")

Traceback (most recent call last):
　　File "<pyshell#53>", line 1, in <module>
　　　　dic1.pop("陈平")

KeyError:'陈平'

>>> dic1.pop("陈平",None)

>>> dic1.pop("陈平","找不到该键")

'找不到该键'

(3) 用 popitem() 方法随机删除字典条目

>>> dic1={'张良':78,'韩信':89,'陈平':86,'曹参':83}

>>> dic1.popitem()

('曹参',83)
>>> dic1
{'张良':78,'韩信':89,'陈平':86}

(4) 用 clear()方法清空字典条目

>>> dic1={'张良':78,'韩信':89,'陈平':86,'曹参':83}
>>> dic1.clear()
>>> dic1
{}

三、遍历字典

1. 利用 keys()遍历字典

```
dic1={'张良':78,'韩信':89,'陈平':86,'曹参':83}
for k in dic1.keys():
    print(k,dic1[k])
```

2. 利用 values()遍历字典

```
dic1={'张良':78,'韩信':89,'陈平':86,'曹参':83}
for v in dic1.values():
    print(v,end=" ")
```

3. 利用 items()遍历字典

方法一:

```
dic1={'张良':78,'韩信':89,'陈平':86,'曹参':83}
for item in dic1.items():
    print(item)
```

方法二:

```
dic1={'张良':78,'韩信':89,'陈平':86,'曹参':83}
for k,v in dic1.items():
    print(k,v)
```

四、字典应用

1. 程序改错

【**程序 6.1**】 小王希望用电脑记录他每天掌握的英文单词。请设计程序和相应的数据结构,使小王能记录新学的英文单词和其中文翻译,并能很方便地根据英文来查找中文。

提示:本程序的数据结构建议采用字典。英文单词为键,其中文翻译为值。

字典条目添加:dic[key]=value;判断 key 是否在字典中:if key in dic。

打开 D:\python_exp 文件夹中的"exp6.1"文件,阅读程序代码,然后将"# **********FOUND**********"下面的错误代码修改正确。

```
worddic=dict()
while True:
    print("请选择功能: \n1: 输入\n2: 查找\n3: 退出")
    c=input( "请输入对应序号: ")
    if c=="1":
        while True:
```

```
            word=input("请输入英文单词（直接按回车结束输入）：")
            #*********FOUND*********
            if len(word)=0: break
            meaning=input("请输入中文翻译：")
            worddic[word]=meaning
            print("该单词已添加到字典库。")
    elif c=="2":
            #*********FOUND*********
            while word:
                word=input("请输入要查询的英文单词（直接按回车结束查询）：")
                if len(word)==0: break
                #*********FOUND*********
                if word == worddic:
                    print("{}的中文翻译是:{}".format(word,worddic[word]))
                else:
                    print("字典库中未找到这个单词")
    elif c=="3":
            break
    else:
            print("输入有误！")
```

书后附二维码:exp6.1—参考答案

【程序 6.2】 本程序的功能是在字典中找到年龄最大的人,并输出其姓名和年龄。

打开 D:\python_exp 文件夹中的"exp6.2"文件,阅读程序代码,然后将"#＊＊＊＊＊＊＊＊＊＊ FOUND＊＊＊＊＊＊＊＊＊＊"下面的错误代码修改正确。

```
        person = {"li":18,"wang":50,"zhang":20,"sun":22}
        max_age = 0
        #*********FOUND*********
        for value in person.items():
        #*********FOUND*********
            if value <= max_age:
                max_age = value
        #*********FOUND*********
                name == key
        print(name)
        print(max_age)
```

书后附二维码:exp6.2—参考答案

2. 程序填空

【程序 6.3】 BCD 码(Binary-Coded Decimal)用 4 位二进制数来表示 0~9 中的数字,也就是从四位二进制的十六种编码中,挑出十个对应 0~9 的数字。余 3 循环码就是其中的一种编码形式(见表 6.1)。余 3 循环码是无权码,即每个编码中的 1 和 0 没有确切的权值,整个编码直接代表一个数值。主要优点是相邻编码只有一位变化,避免了过渡码产生的"噪声"。

表 6.1 余 3 循环码

十进制数	0	1	2	3	4	5	6	7	8	9
余 3 循环码	0010	0110	0111	0101	0100	1100	1101	1111	1110	1010

编写程序,实现从键盘接收任意十进制数,采用 BCD 码中的余 3 循环码形式输出该数。

设计思路:

本题可以将码表采用字典方式存储,十进制数字作为键,余 3 循环码作为其对应的值。将接收的十进制数,转换为字符串进行处理,遍历其中的每个字符,然后到字典中查找对应的键值,并将键值依次追加到一个列表中,最后将所有列表元素连接成一个字符串。

打开 D:\python_exp 文件夹中的"exp6.3"文件,阅读程序代码,然后将"_____"替换成正确代码。

```
dic_bcd={0:'0010',1:'0110',2:'0111',3:'0101',4:'0100',
        5:'1100',6:'1101',7:'1111',8:'1110',9:'1010'}
lst=[]
n=_____
for ch in n:
    lst.append(_____)
nbcd="".join(lst)
print("{}对应的余 3 循环码是{}.".format(_____))
```

书后附二维码:exp6.3—参考答案

【程序 6.4】 编写程序实现如下功能,找出任意字符串中只出现一次的字符,如果有多个这样的字符,请全部找出。

例如:

请输入一个英文字符串:abcdedddccaa

['b','e']

打开 D:\python_exp 文件夹中的"exp6.4"文件,阅读程序代码,然后将"_____"替换成正确代码。

```
s=input("请输入一个英文字符串：")
dict1=_____
for ch in s:
    dict1[ch]=_____ +1
list1=[_____]
print(list1)
```

书后附二维码:exp6.4—参考答案

【程序 6.5】 学校食堂有以下四种主食:

面条　　　　12 元

米饭　　　　1 元

蛋炒饭　　　15 元

水饺　　　　9 元

现在需要编写程序实现下列功能：
① 将主食名称和价格存入字典；
② 输出所有主食的平均价格；
③ 输出价格最高的主食名称。

设计思路：

这道题主要是需要建立好字典，再对字典进行处理，但在建立字典的过程中，可能会遇到一些问题，譬如：

a. 字典是直接建立，还是运行时通过键盘输入，如果是通过键盘输入时，主食种类数不确定或确定我们应该怎么控制？

b. 建立字典时，价格是采用数值表示，还是采用字符表示？如果采用字符表示时，后面带有"元"字怎么处理？

c. 用户在键盘输入价格时，可能有时在价格后面输入元，有时候直接输入数字，我们又该怎么处理？

d. 如果价格是字符型，并且价格包含有"元"这个字时，能否直接排序？怎么求平均值？

请研究以下代码段，找出程序代码是怎么解决以上问题的。是否还有更加合适的、简便的方法来实现它？

♯方法一：主食名称和价格从键盘动态输入，价格为数值型，形如：{"面条":12,"米饭":1,"蛋炒饭":15,"水饺":9}。

打开 D:\python_exp 文件夹中的"exp6.5_1"文件，阅读程序代码，然后将"_____"替换成正确代码。

```
dic_zs1={}
while True:
    name=input("请输入主食名称：")
    jg=input("请输入主食价格(元)：")
    jg=eval(jg[:jg.index("元")]) if "元" in jg else eval(jg)
    _____
    jx=input("数据已存入，是否继续？(Y/N)")
    if _____ :break
lst=[v for v in dic_zs.values()]
avg=_____
print("所有主食的平均价格为：{}元".format(avg))

lst2=[(v,k) for k,v in dic_zs.items()]
lst2.sort()
print("价格最高的主食名称为：{}".format(lst2[-1][1]))
```

书后附二维码：exp6.5_1—参考答案

♯方法二：主食价格字典已经存在，但价格为字符串，形式如"X 元"。

打开 D:\python_exp 文件夹中的"exp6.5_2"文件，阅读程序代码，然后将"_____"替换成正确代码。

```
dic_zs={"面条":"12元","米饭":"1元","蛋炒饭":"15元","水饺":"9元"}
lst=[_____ for v in dic_zs.values()]
avg=sum(lst)/len(lst)
print("所有主食的平均价格为：{}元".format(avg))

lst2=[_____ for k,v in dic_zs items()]
lst2.sort()
print("价格最高的主食名称为：{}".format(_____))
```

书后附二维码：exp6.5_2—参考答案

3. 程序设计

【程序 6.6】 分页显示用户信息字典的内容。

(1) 通过 for 循环创建 301 条数据，数据类型不限，如：

  user1   email-1   pwd1
  user2   email-2   pwd2
  ……

(2) 提示用户"请输入要查看的页码"，当用户输入指定页码时，显示指定数据。

  — 每页显示 10 条数据
  — 用户输入页码是非十进制数字，则提示输入内容格式错误

设计思路：

第一步我们要构造出用户信息字典，要学会怎么自动产生 301 个不同用户信息。

第二步找出页码和对应记录之间的关系。输入 1，查看 0～9 项，输入 2，查看 10～19 项，如果 s 为输入的页码，则记录起点应为 (s-1)*10，记录的终点应为 s*10。

本例需要学到的一个技巧：怎样自动生成 8 位随机密码，且密码是字母数字和特殊符号的任意组合。

书后附二维码：exp6.6—参考答案

【程序 6.7】 按照要求实现以下功能：存在列表 li = [1,'a',2,3,'b',4,'c']，还存在一个字典 dic(字典中条目个数不确定)，具体操作如下：

如果字典没有'k1'这个键，那就创建这个'k1'键和对应的值(对应值设为空列表)，并将列表 li 中的索引为奇数对应的元素，添加到'k1'这个键对应的空列表中；

如果有'k1'这个键，且'k1'对应的 value 值是列表类型，那就将列表 li 中的索引为奇数对应的元素，添加到'k1'这个键对应的值中。

书后附二维码：exp6.7—参考答案

【程序 6.8】 已有各省基本信息统计数据表，由于统计信息中人口今年发生了变化，需要将最新的人口数据更新到统计数据表中去。

统计数据表和更新人口数据信息如表 6.2、表 6.3 所示。

表 6.2 已有各省基本信息统计数据表

简称	省份	省会	面积/万平方千米	人口/万
苏	江苏	南京	10.26	7 164

(续表)

简称	省份	省会	面积/万平方千米	人口/万
浙	浙江	杭州	10.2	4 552
皖	安徽	合肥	13.97	6 410
闽	福建	福州	12.13	3 350
赣	江西	南昌	16.7	4 302

表 6.3 更新人口数据表

简称	更新后人口数/万人
苏	8 029.3
浙	5 737
皖	6 323.6
闽	3 941
赣	4 622.1

(1) 请利用字典描述上述表格数据,并实现数据更新,最后按指定格式输出。
输出格式如下:
江苏省简称苏,省会在南京市,面积10.26万平方千米,常住人口8 029.3万。
(2) 如果需要查询某省的某个方面的信息,请编写程序实现信息查询功能。
书后附二维码:exp6.8—参考答案

实验七
函　数

【实验目的与要求】

1. 掌握函数定义和调用方法。
2. 掌握参数传递的方式、参数的类型。
3. 掌握变量的作用范围。
4. 掌握 lambda 函数的用法。
5. 掌握函数的递归调用。

【实验涉及的主要知识单元】

函数定义的基本语法、函数参数、返回值、参数的传递方式、参数的类型、lambda 函数、变量的作用域及函数的递归调用等。

【实验内容与步骤】

一、程序填空

【程序 7.1】 编写函数：输入一个字符串，分别统计其中大写字母、小写字母、数字及其他字符的个数，并以元组的形式返回。

填空要求：请将未完成的部分填完整，实现题目要求的功能，并调试运行。

```
def n_count(str):
    uppercase=0
    lowercase=0
    digit=0
    other=0
    for x in str:
        if 'A'<=x<='Z':
            uppercase+=1
        elif 'a'<=x<='z':
            lowercase+=1
        elif _____(1)_____ :
            digit+=1
        else:
            other+=1
    return _____(2)_____
```

```
    def main():
        word=input("请输入待统计的字符串：")
        t=n_count(word)
        print("大写字母个数为:",t[0])
        print("小写字母个数为:",t[1])
        print("数字字符个数为:",t[2])
        print("其他字符个数为:",t[3])

    main()
```

书后附二维码:exp7.1_统计字符串各种字符个数—参考答案

【**程序 7.2**】 编写函数:模拟房贷计算器。

功能要求:买房时,房贷可以采用分期付款的还款方式。还款方式分为等额本息和等额本金两种。等额本息(Average Capital Plus Interest,ACPI)还款公式为:

$$每月还款额 = \frac{贷款本金 \times 月利率 \times (1+月利率)^{总还款月数}}{(1+月利率)^{总还款月数}-1}$$

等额本金(Average Capital,AC)还款公式为:

$$每月还款额 = \frac{贷款本金}{总还款月数} + (贷款本金 - 累计已还款本金) \times 月利率$$

编写函数实现计算分期还款时每一期的应还额,当还款方式输入有误时,输出"还款方式输入有误,请重新输入!"。

输入要求:请在 4 行中输入不同的计算数据。第 1 行输入一个浮点数,表示贷款本金;第 2 行输入一个整数,表示分期月数,分期月数范围设定为[3,24);第 3 行输入一个字符串,表示还款方式,限定只能输入"ACPI"或"AC",分别表示等额本息和等额本金;第 4 行输入一个浮点数,表示年利率。

输出要求:输出每月还款额,等额本金方式时,输出的数字间用逗号分隔[用 round()函数保留 2 位小数];还款方式输入错误时,输出"还款方式输入有误,请重新输入!"。

填空要求:请将未完成的部分填完整,实现题目要求的功能,并调试运行。

```
    def loan_Calc(price,month,mode,rate):
        if mode in ["AC","ACPI"] and 24 > month >= 3:
            if mode == "AC":
                ls = [ ]
                for i in range(1,month + 1):
                    repayment = price / month + (price - price / month * i) * rate
                    _____(1)_____
                for x in range(len(ls)):
                    print("第{}月还款金额为{}元".format(x+1,ls[x]))
            if mode == 'ACPI':
                repayment = price * rate * (1 + rate) ** month /((1 + rate) ** month - 1)
```

```
                print("每月还款额为：",round(repayment,2))
            else:
                print("还款方式输入有误,请重新输入!")

    def main():
        price = float(input("请输入贷款本金："))
        month = int(input("请输入分期月数："))
        mode = input("请输入还款方式（AC 或 ACPI）：")
        rate = float(input("请输入年利率："))
        _____（2）_____

    main()
```

书后附二维码：exp7.2_房贷计算器—参考答案

【程序 7.3】 编写函数：模拟简单的微信发红包功能。

功能要求：输入金额 total，输入红包数量 n，输出随机红包发放金额。

填空要求：请将未完成的部分填入，实现题目要求的功能，并调试运行。

```
    import random
    def Lucky_Money(total,n):    #total 为红包总额 n 为红包数量
        _____（1）_____
        rest=0   #已发红包总额
        for i in range(1,n):
            #发红包，随机分配金额，每人最少 1 分钱
            t=random.randint(1,(total-rest)-(n-i))
            ls.append(t)
            rest=rest+t
        #剩余的钱发给最后一个人
        _____（2）_____
        print(ls)

    def main():
        total=eval(input("请输入红包金额（单位：分）: "))
        n=int(input("请输入发放人数："))
        ls=_____（3）_____

    main()
```

书后附二维码：exp7.3_模拟发红包—参考答案

【程序 7.4】 编写函数：模拟四则运算

功能要求：输入一个字符串，格式如下：M OP N。其中，M 和 N 是任何数字，OP 代表一种操作符，表示为如下四种：＋，－，＊，/（加减乘除），根据输入的操作符 OP，输出 M OP N 的运算结果，保留小数点后 2 位输出。

输入要求:M 和 OP、OP 和 N 之间可以存在多个空格,可以没有空格,不考虑输入错误情况;M 和 N 可以是正数,也可以是负数,可以是整数的多种表示方法(例如十六进制),也可以是实数;OP 代表一种操作符,表示为如下四种:＋,－,＊,/(加减乘除)。

输出要求:输出计算结果,保留小数点后 2 位输出。

填空要求:请将未完成的部分填入,实现题目要求的功能,并调试运行。

```
def plus(m,n):
    return m+n
def minus(m,n):
    return m-n
def multiple(m,n):
    return m*n
def division(m,n):
    return m/n

def main():
    s=input("请输入四则运算表达式： ")
    m=s[0]
    for i in range(_____(1)_____,len(s)):
        if s[i]   not in "+-*/":
            m=m+s[i]
        else:
            n=eval(m)
            m=_____(2)_____
            op=_____(3)_____
    m=eval(m)
    _____(4)_____

    d={"+":plus(m,n),"-":minus(m,n),"*":multiple(m,n),"/":division(m,n)}
    print("{:.2f}".format(d[ _____(5)_____ ]))

main()
```

书后附二维码:exp7.4_模拟四则运算—参考答案

二、程序设计

【程序 7.5】 编写函数 myfunc(x,n),求 n 项式 s＝x＋xx＋xxx＋…＋xx…x 的和,并返回求出的和。其中,x 是 1～9 的数字,最后一项是 n 位都是 x 的数字。

例如:输入:x＝2,n＝6 输出:246912。

书中附二维码:exp7.5_n 项式的和—参考答案

【程序 7.6】 编写函数 prime(n),判断正整数 n 是否为素数,如果是素数则返回 True,否则返回 False。调用该函数输出[100,200]范围内的素数,每行输出 10 个素数后换行,并求该区间所有素数的和。

书中附二维码:exp7.6_输出素数并求和—参考答案

【程序 7.7】 编写函数,输入一个正整数 n,编写函数将其按位顺序输出,请用递归实现。

例如:输入 123　　输出　　1
　　　　　　　　　　　　　2
　　　　　　　　　　　　　3

书后附二维码:exp7.7_按顺序输出整数—参考答案

【程序 7.8】 编写函数,求余弦函数的近似值。用下列公式求 cos(x)的近似值,精确到最后一项的绝对值小于 e。

$$\cos(x) = \frac{x^0}{0!} - \frac{x^2}{2!} + \frac{x^4}{4!} - \frac{x^6}{6!} + \cdots$$

输入 e=0.01,x=－3.14,输出:cos(－3.14)=－0.999899。

书后附二维码:exp7.8_求 cos(x)的近似值—参考答案

【程序 7.9】 编写函数,输出 20000 以内的亲密数。如果有两个自然数 a 和 b,a 的所有因子(比 a 小且能整除 a 的自然数)之和恰好等于 b,并且 b 的所有因子之和恰好等于 a,则称 a 和 b 为一对亲密数。例如,220 和 284 就是一对亲密数(Amicable Pair),因为 220 的全部因子(除掉本身)相加是 1+2+4+5+10+11+20+22+44+55+110=284,284 的全部因子(除掉本身)相加的和是 1+2+4+71+142=220。

书后附二维码:exp7.9_输出亲密数—参考答案

实验八 文件

【实验目的与要求】

1. 掌握文件的操作流程。
2. 掌握文本文件、二进制文件的读写方法。
3. 掌握 csv 文件的读写方法。
4. 掌握一维数据的处理方法。
5. 掌握二维数据的处理方法。

【实验涉及的主要知识单元】

1. 文件的基本概念。
2. 文件的使用：文件打开、关闭和读写。
3. 数据组织的维度：一维数据和二维数据。一维数据的表示、存储和处理，二维数据的表示、存储和处理。
4. csv 文件的读写。
5. 文件管理方法。

【实验内容与步骤】

一、程序填空

【程序 8.1】 将列表中的内容写入文件，并输出文件中的内容。

填空要求：请将未完成的部分填入，实现题目要求的功能，并调试运行。

```
ls1=["力拔山兮气盖世\n","时不利兮骓不逝\n","骓不逝兮可奈何！\n","虞兮虞兮奈若何！\n"]
file=input("请您输入要保存的文件名：")
fp=open(file,____(1)____)
fp.writelines(ls1)
fp.close()
fp=open(file,"r")
ls2=____(2)____
print(ls2)
fp.close()
```

书后附二维码：exp8.1_将列表的内容写入文件—参考答案

【程序 8.2】 "Python 程序设计"课程成绩存放在"期末成绩.txt"中,各成绩间用逗号分隔,具体格式如下:

86,92,75,63,49,95,65,77,76
67,72,68,99,91,89,74,79,80

请读取文件中的成绩,计算课程的平均成绩、最高分和最低分。平均成绩保留小数点后2位输出。请将统计结果写入文件"成绩分析.txt"中。

填空要求:请将未完成的部分填入,实现题目要求的功能,并调试运行。

```
with open("期末成绩.txt","r") as fin:
    s=fin.read()
    s=s.replace("\n",",")
    grade=s.split(",")
    ls_score=[]
    for x in grade:
        ls_score.append(____(1)____)
    max_score=max(ls_score)
    min_score=min(ls_score)
    avg=____(2)____/len(ls_score)
with open("成绩分析.txt","w") as fout:
    fout.write("最高分为:"+str(max_score)+"\n")
    fout.write("最低分为:"+str(min_score)+"\n")
    _____(3)_____
```

书后附二维码:exp8.2_成绩分析—参考答案

【程序 8.3】 打开 Python 解释器,输入"import this"并执行,就会显示 Tim Peters 的 The Zen of Python(Python 之禅)。请将文件"The Zen of Python.txt"中的所有字母大小写互换后输出到文件"The Zen of Python_new.txt"中。

填空要求:请将未完成的部分填入,实现题目要求的功能,并调试运行。

```
with open("The Zen of Python.txt","r") as fin:
    s1=fin.read()
s2=""
for x in s1:
    if   x.islower():
        s2=s2+x.upper()
    elif   x.isupper():
        s2=s2+x.lower()
    else:
        _____(1)_____
with open("The Zen of Python_new.txt","w") as fout:
    _____(2)_____
```

书后附二维码:exp8.3_文件中的字母大小写互换—参考答案

【程序 8.4】 文件"exp8-4.txt"中保存了若干个以逗号分隔的数字,下面程序从文件中读取数据,按降序输出。

填空要求：请将未完成的部分填入，实现题目要求的功能，并在环境中调试运行。

```
fin=open("exp8-4.txt","r")
s=_____（1）_____
ls=s.split(",")
ld=[]
for x in ls:
    ld.append(eval(x))
print("原数据为:",end="")
for data in ld:
    print(data,end=" ")
_____（2）_____
print("\n 降序后为",end="")
for data in ld:
    print(data,end=" ")
fin.close()
```

书后附二维码：exp8.4_将文件中的数据降序排列—参考答案

二、程序设计

【**程序 8.5**】 编写程序：将生成的九九乘法口诀表写入到文件"乘法口诀表.txt"中。

书后附二维码：exp8.5_九九乘法口诀表写入文件—参考答案

【**程序 8.6**】 编写程序：统计"proc-2.txt"文件中大写字母、小写字母和数字分别出现的次数。

书后附二维码：exp8.6_统计各种字符出现的次数—参考答案

【**程序 8.7**】 编写程序：教职工动态系统登录时需要为每位在校的教职工分配长度为 6 位的随机密码，要求生成 10 个随机密码存入"密码.txt"文件中，生成的密码应由大写字母、小写字母、数字字符和 *&-%$# 特殊字符组成，密码不能重复，文件中每个密码占一行。

书后附二维码：exp8.7_生成 10 个随机密码—参考答案

【**程序 8.8**】 编写程序：将文件"proc-5.txt"中的 6 位学生信息按考试成绩总分进行降序排列。原文件中数据如下：

```
学号,姓名,高数,英语,计算机
2001,张东明,81,78,92
2002,李晓峰,63,90,77
2003,雷君君,48,62,75
2004,杨乐民,76,77,95
2005,胡倾国,65,87,67
2006,刘小燕,89,94,97
```

排序后数据如下：

名次	学号	姓名	高数	英语	计算机	总成绩
1	2006	刘小燕	89	94	97	280
2	2001	张东明	81	78	92	251
3	2004	杨乐民	76	77	95	248
4	2002	李晓峰	63	90	77	230
5	2005	胡倾国	65	87	67	219
6	2003	雷君君	48	62	75	185

书后附二维码：exp8.8_学生信息按成绩降序排列—参考答案

实验九 文本分析

【实验目的与要求】

1. 理解分词的目的。
2. 掌握英文文本分析方法。
3. 掌握中文文本分析方法。
4. 掌握词云制作方法。

【实验涉及的主要知识单元】

1. jieba 库的常用函数。
2. nltk 库的常用函数。
3. wordcloud 库的常用函数和方法。

【实验内容与步骤】

一、库的安装

1. 安装 jieba 库

jieba 不是 Python 的自带库,必须安装后使用。安装方式和其他第三方库一样,可以是全自动安装、半自动安装和手动安装。这里建议使用全自动安装,具体安装命令如下:

:\> pip install jieba

2. 安装 wordcloud 库

wordcloud 不可以用全自动安装方式安装,必须先下载安装包文件。找到官网链接 https://pypi.org/project/wordcloud/#files,在该链接下找到合适自己操作系统和 Python 版本的 wordcloud 安装包 whl 文件并下载,然后在 cmd 终端输入命令。本书实验环境"D:\python_exp\"下已下载对应安装包,具体安装命令如下:

:\> pip install D:\python_exp\wordcloud-1.8.0-cp38-cp38-win_amd64.whl

3. 安装 nltk 库

nltk 也是 Python 的第三方库,用 pip 安装最为方便。

:\> pip install nltk

:\> python

>>> import nltk

>>> nltk.download()

在弹出窗口中可以看到 nltk 库中所有可用的软件包,选择需要的包后单击 download 即可一键安装。

二、nltk 库的常用函数

1. nltk.word_tokenize()

在交互方式下键入以下内容，并观察屏幕显示的内容。

>>> from nltk.tokenize importword_tokenize
>>> text = "The room is a pleasant one, at the top of the house, overlooking the sea, on which the moon was shining brilliantly."
>>> word_tokenize(text)
['The', 'room', 'is', 'a', 'pleasant', 'one', ',', 'at', 'the', 'top', 'of', 'the', 'house', ',', 'overlooking', 'the', 'sea', ',', 'on', 'which', 'the', 'moon', 'was', 'shining', 'brilliantly', '.']

2. nltk.sent_tokenize()

在交互方式下继续键入以下内容，并观察屏幕显示的内容。

>>> from nltk.tokenize importsent_tokenize
>>> text = "The room is a pleasant one. The moon is shining brilliantly. I am very glad to live here." ♯ 输入时注意除最后一句话以外，每句话需要以一个句号和空格结束。
>>> sent_tokenize(text)
['The room is a pleasant one.', 'The moon is shining brilliantly.', 'I am very glad to live here.']

三、英文文本分析

【程序 9.1】 统计英文文本"DAVID COPPERFIELD.txt"的平均句长。阅读程序代码，然后将"_____"用正确代码替换。

新建文件名为"exp9.1_英文文本分析.py"的文件，路径为 D:\python_exp 文件夹，将完善后的程序保存到该文件中。

```
♯英文文本分析
1   from nltk.tokenize import word_tokenize
2   from nltk.tokenize import _____          ♯ 导入句子分隔函数
3
4   txt = _____("DAVID COPPERFIELD.txt","r")._____   ♯ 从文件中读取文本
5   sents = sent_tokenize(txt)
6   word_count = 0
7   for s in sents:
8       word = len(word_tokenize(s))
9       word_count += word
10  print("{:<8}\t{:>8}".format("总单词数：", word_count))
11  print("{:<8}\t{:>8}".format("总句子数：",len(sents)))
12  print("{:<8}\t{:>8.2f}".format("平均句长：",_____))  ♯ 求平均句长
```

书后附二维码：exp9.1_统计英文文本—参考答案

保存并运行该程序，将结果填入下列空白处。

========== RESTART：D:/python_exp/exp9.1_英文文本分析.py ==========

总单词数：_____

总句子数：_____
平均句长：_____
同学们也可自行添加语句拓展文本的统计功能。

四、jieba 库的常用函数

1. jieba.lcut()

在交互方式下键入以下内容，并观察屏幕显示的内容：

>>> import jieba

>>> jieba.lcut("大风起兮云飞扬。威加海内兮归故乡。安得猛士兮守四方！")

['大风', '起', '兮', '云飞扬', '。', '威加', '海内', '兮', '归', '故乡', '。', '安', '得', '猛士', '兮', '守', '四方', '！']

2. jieba.lcut(s, cut_all=True)

在交互方式下继续键入以下内容，并观察屏幕显示的内容：

>>> jieba.lcut("大风起兮云飞扬。威加海内兮归故乡。安得猛士兮守四方！", cut_all=True)

['大风', '起', '兮', '云飞扬', '飞扬', '', '', '威', '加', '海内', '兮', '归', '故乡', '', '', '安得', '猛士', '兮', '守', '四方', '', '']

3. jieba.lcut_for_search()

在交互方式下继续键入以下内容，并观察屏幕显示的内容：

>>> jieba.lcut_for_search("大风起兮云飞扬。威加海内兮归故乡。安得猛士兮守四方！")

['大风', '起', '兮', '飞扬', '云飞扬', '。', '威加', '海内', '兮', '归', '故乡', '。', '安', '得', '猛士', '兮', '守', '四方', '！']

4. jieba.add_word()

在交互方式下继续键入以下内容，并观察屏幕显示的内容：

>>> jieba.add_word("守四方")

>>> jieba.lcut("大风起兮云飞扬。威加海内兮归故乡。安得猛士兮守四方！")

['大风', '起', '兮', '云飞扬', '。', '威加', '海内', '兮', '归', '故乡', '。', '安', '得', '猛士', '兮', '守四方', '！']

五、中文文本分析及词云制作

【**程序 9.2**】 分析中文作品"西游记.txt"，输出其前十位高频词。

(1) 在 D:\python_exp 文件夹中新建文件"exp9.2_中文作品分析.py"，输入下列程序代码，然后将"_____"用正确代码替换。

```
# 中文作品分析
1  import jieba
2  text = open("西游记.txt","r",encoding='utf-8').read()
3  ls = _____(text)          # 将文本分词
4  count = _____             # 定义空字典
5  for s in ls:
6      if len(s) == 1:
7          continue
```

```
8        count[s] = _____ + 1        # 统计单词出现的
     次数
9    lst = list(count.items())
10   lst.sort(key = lambda x:x[1], reverse = _____ )    # 将列表按照 count
     中键值大小进行降序排序
11   for i in range(10):
12       word, count = lst[i]
13       print("{:<10}\t{:>6}".format(word,count))
```

书后附二维码:exp9.2_中文作品分析—参考答案

完善程序后,运行程序,结果如下:

```
行者          4078
八戒          1677
师父          1604
三藏          1324
一个          1089
大圣           889
唐僧           802
那里           767
怎么           754
菩萨           730
```

其中,存在"一个""怎么"这样的无实际意义词语。请同学们考虑如何去除这些单词,进一步完善本程序并保存和运行。

(2) 给上述中文文本作品制作词云。

在 D:\python_exp 文件夹中新建文件"exp9.3_中文词云.py"。程序如下:

```
1    import jieba
2    import wordcloud
3
4    txt = open("西游记.txt","r",encoding='utf-8').read()
5    w = wordcloud.WordCloud(
6        background_color = "white",    # 设置背景色
7        width = 800,       # 设置画布宽度
8        height = 600,      # 设置画布高度
9        margin = 3,
10       max_words = 20,    # 设置最多显示的词数
11       font_path = "C:\Windows\Fonts\simfang.ttf").generate(txt)   #生成词云
12   w.to_file("词云.png")    # 保存图片文件
```

运行程序后打开"词云.png"文件并观察效果。

实验 十
网络爬虫

【实验目的与要求】

1. 了解 html 语法。
2. 运用 requests 库获取源码。
3. 运用 bs4 库解析源码。
4. 了解 BeautifulSoup 对象。

【实验涉及的主要知识单元】

1. 用 requests 库 get 函数下载 HTML 源码。
2. response 对象的常用属性(text、encoding、status_code、headers)。
3. 用 bs4 库的 BeautifulSoup 函数解析 HTML 源码。
4. BeautifulSoup 对象的常用属性和方法。

【实验内容与步骤】

一、安装第三方库

requests 和 bs4 都不是 Python 自带库,须先安装后使用,安装方式同其他第三方库。

1. 安装 requests 库

建议采用全自动安装方式,具体安装命令如下:

:\> pip install requests

2. 安装 bs4 库

(1) 访问官网 https://pypi.org/project/beautifulsoup4/下载合适本机操作系统和 Python 版本的 bs4 安装包 whl 文件。

(2) 用安装包安装 bs4,具体安装命令如下:

:\> pip install beautifulsoup4-4.8.2-py3-none-any

二、程序填空

【程序 10.1】 爬取扬州大学常用办公电话。

打开 D:\python_exp 文件夹中的"exp10.1_办公电话"文件,阅读程序代码,将下划线处用正确代码替换。

1. 请求网页获取源码

在扬大校园网上搜索有"扬州大学常用办公电话"的网页。访问扬州大学主页"http://www.yzu.edu.cn",依次点击"校园服务"下的"办公电话",打开如图 10.1 所示的窗口。

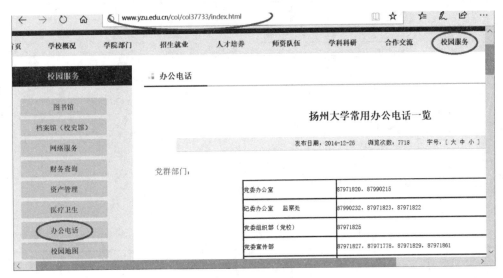

图 10.1 目标网页

右击表格内任一数据对象,快捷菜单中选"检查元素"(不同浏览器菜单项名称会有差异),打开如图 10.2 所示的网页源代码窗格,当前位置正好显示右击对象的源码。

图 10.2 查看源码

以下程序采集网页源码,请在下划线处填入正确的内容。

```
# Requests 是爬取网页数据的第三方库,导入第三方库后使用
————————
#从网页地址栏获取网页 URL
url='http://www.yzu.edu.cn/col/col37733/index.html'
#请求网页,try-cxcept 结构响应访问成功和失败两种情况
try:
```

```
#获取 URL 网页代码
r=_____
#如请求不成功，r（response 对象）抛出 HTTPError 异常
_____
#修改 response 对象编码方式
_____='utf-8'
#保存源码，方便下一步分析，运行成功后可删除
with open("D:\\python_exp\\code1.txt",'w',encoding='utf-8') as file:
        #响应内容字符串写入 code1.txt 文件
        file.write(_____)
#响应异常
except Exception as ex:
    print("False:{}".format(ex))
```

2. 分析源码

运行程序后打开文件 D:\python_exp\code1.txt，寻找涉及有效数据的代码。

网页有四张表格，每张表在标签对< table > ···</table >中。第一张表代码范围第 335～469 行，第二张表代码范围第 481～807 行，第三张表代码范围第 819～937 行，第四张表代码范围第 949～1373 行。

图 10.3 是第一张表格的源码，标签对< table >···</table >代表表格，< tr > ···</tr >表示一行，

```
<table cellspacing="0" cellpadding="0" width="512" border="1">
  <tbody>
    <tr>
        <td width="187" nowrap="nowrap">    <p align="left">党委办公室</p>    </td>
        <td width="325" nowrap="nowrap">    <p align="left">87971820, 87990215</p>    </td>
    </tr>
    <tr>
        <td width="187" nowrap="nowrap">    <p align="left">纪委办公室  监察处</p>    </td>
        <td width="325" nowrap="nowrap">    <p align="left">87990232, 87971823, 87971822</p>    </td>
    </tr>
    <tr>
        <td width="187" nowrap="nowrap">    <p align="left">党委组织部（党校）</p>    </td>
        <td width="325" nowrap="nowrap">    <p align="left">87971825</p>    </td>
    </tr>
    <tr>
        <td width="187">    <p align="left">党委宣传部</p>    </td>
        <td width="325" nowrap="nowrap">    <p align="left">87971827, 87971778, 87971829, 87971861</p>    </td>
    </tr>
    <tr>
        <td width="187" nowrap="nowrap">    <p align="left">党委统战部</p>    </td>
        <td width="325" nowrap="nowrap">    <p align="left">87979252, 87971841</p>    </td>
    </tr>
    <tr>
        <td width="187">    <p align="left">改革与发展研究室</p>    </td>
        <td width="325" nowrap="nowrap">    <p align="left">87316250, 87937390</p>    </td>
    </tr>
    <tr>
        <td width="187">    <p align="left">工会</p>    </td>
        <td width="325" nowrap="nowrap">    <p align="left">87991235, 87991353</p>    </td>
    </tr>
    <tr>
        <td width="187">    <p align="left">团委</p>    </td>
        <td width="325" nowrap="nowrap">    <p align="left">87973990</p>    </td>
    </tr>
  </tbody>
</table>
```

图 10.3 表格源码

<td>…</td>表示一个单元格,<p>…</p>标记一个段落。这张表格由若干<tr>行组成,每行有两个<td>单元格,单元格里有一个<p>段落,p标签文本是要爬取的信息,当前表格一个单元格内只有一个<p>标签。四张表格结构相似,循环爬取四张表格的数据,主要结构如下:

  遍历表格:
    遍历表格行:
      遍历一行的 p 标签:
        获取 p 文本信息

3. 解析源码

```
# 引用第三方库 bs4 解析网页,本题仅使用其中的 BeautifulSoup 函数
_____
#字符串 teltxt 存放网页有效信息
teltxt=''
#解析 r(response 对象)内容,soup 是 BeautifulSoup 对象
soup=_____
#为减少标签嵌套层数,直接遍历四张表的< tbody >标签
for tb in soup.find_all('tbody'):
    #遍历表内各行,找当前表格的所有<tr>标签
    for tr in _____:
        #p 为当前行的所有<p>标签列表
        p=_____
        #连接标签文本,存入结果字符串 teltxt
        #文本中的中文逗号替换成英文逗号,后期生成 csv 文件
        teltxt+=str(p[0].string)+','+str(p[1].string).replace(',',',')+'\n'
        #办公室名称在 p[0]标签,电话号码在 p[1]标签
```

4. 保存数据

```
#以 txt 形式保存,系统默认用记事本打开
with open("d:\\python_exp \\tel.txt",'w',encoding='utf-8') as ftxt:
    ftxt.write(teltxt)                #写入文本文件
#以 csv 形式保存,默认用 Excel 打开
#用 utf-8 写入 csv 有乱码,改为 utf-8-sig 正常显示
with open("d:\\python_exp \\tel.csv",'w',encoding='utf-8-sig') as fcsv:
    fcsv.write(teltxt)                #写入 csv 文件
print("Successful!")
```

5. 查看结果

运行程序后,双击打开 d:\python_exp\tel.txt 和 d:\python_exp\tel.csv 文件,查看获取的数据。

6. 思考

若删去代码行"for tb in soup.find_all(' tbody'):"(遍历四张表的代码),调整缩进后程序是否正确,为什么?

书后附二维码:exp10.1_办公电话—参考答案

【程序 10.2】 爬取农业农村部新闻动态详情。

打开 D:\python_exp 文件夹中的"exp10.2_农业新闻"文件,阅读程序代码,将下划线处用正确代码替换。

1. 新闻主页

(1) 获取新闻主页源码

访问农业农村部网站新闻主页(www.moa.gov.cn/xw/),页面右侧的"农业农村动态"栏目为程序抓取目标。

部分电脑以 requests.get("http://www.moa.gov.cn/xw/")方式请求数据可能被拒绝,网站要求提供用户端的 User-Agent 信息。打开 Microsoft Edge 浏览器的"开发人员工具",查找 use-Agent 信息(Chrome 谷歌浏览器可以在地址栏中输入 about:version,用户代理),复制给变量 Headers。

```
#引用第三方库
import requests
import bs4
#从网页地址栏获取新闻主页 URL
urlhead="http://www.moa.gov.cn/xw/"
#准备请求头,字典形式,
Headers={"User-Agent":_____}
#定义函数
#请求网页,try-cxcept 分别响应访问成功和不成功两种情况
try:
        #verify=False 表示请求时忽略安全证书
        #带请求头
        r=requests.get(urlhead,verify=False,headers=_____)
        r.raise_for_status()
        r.encoding='utf-8'
except Exception as ex:
        print("Fail: {}".format(ex))
```

(2) 解析新闻主页源码

右击新闻主页的某一新闻标题(链接),"检查元素"(不同浏览器菜单项名称会有差异),源码中本栏目的标题文字和链接信息都在< div class="news—box">…</div>标签对中,每个标题由嵌套的标签对< li >< a >< span >…</span ></a ></li>表示,图 10.4 为某个标题(链接)的源码。

```
▲<li>
    ▲<a href="./zwdt/202004/t20200416_6341772.htm" target="_blank">
        <span class="news-left">农业农村部出台《社会资本投资农业农村指
        引》</span>
        <span class="news-right">04-16</span>
     </a>
  </li>
```

图 10.4 新闻标题(链接)源码

点击"农业农村动态"栏目下每个新闻标题（链接），比较新弹出网页的 URL。大部分新页面的地址是"http://www.moa.gov.cn/xw/"＋"…"形式，地址头部固定，尾部有变化。新闻主页源码中<a>标签的 href 属性为新页面地址的尾部（不包括'./'），即新页面地址 curl=" http://www.moa.gov.cn/xw/" ＋<a>.href[2:]。

有时会遇到特殊情况，页面地址不符合上述规律，<a>.href 是完整的 URL，链接地址不需要拼接，程序按 href 属性是否包含字符串' http://'来区分处理。

```
#解析新闻主页源码,查找<div class="news-box">标签,映射为 Tag 对象 soup
soup=bs4.BeautifulSoup(r.text,'html.parser').find('div', _____)
#在 soup 中搜索所有新闻标题的标签对<li>…</li>,lstli 为符合条件的标签列表
lstli=_____('li')
#拼接的 URL 的头部
urlhead=" http://www.moa.gov.cn/xw/ "
#遍历每个新闻标题
for li in lstli:
        ctitle=li.a.span.string.strip()       #新闻标题,删除前导\n 和空格
        urltail=li.a.attrs["href"]            #获取标签内的链接地址
        if 'http://' in urltail:              #href 属性是完整 URL
            curl=urltail
        else:                                 #href 属性仅有后段 URL
            #用 urlhead 和 urltail 拼接链接地址
            curl=_____+ urltail[2:]
        getandsave(curl)                      #函数访问新闻详情页面,抓取文本并保存

print('\n...农业农村部 最新动态信息采集完成！')
```

2. 获取并保存新闻内容

链接的新闻网页结构相对固定。右击网页上的文字内容，"检查元素"，<div class="border pd_rl_24 hd_zbftMPContent"></div>标签对中有全部要爬取的文字，可直接按标签名和 class 属性搜索该标签，或者搜索其下一级<h1>的父标签，程序中以<h1>.parent 形式实现，其下的子标签<h1>有当前页面的标题文字，<span class="dc_3">有日期和时间，各<p>段落有新闻内容。

如有特殊的新闻页面，与上述网页结构不同，如直播新闻，程序中另作处理。

新闻内容保存至文件"新闻标题.txt"。

　#函数功能：读取链接新闻网页源码，新建文件保存信息

```
def getandsave(url):
    #请求源码
    try:
        r=requests.get(url,verify=False,headers=Headers)
        r.raise_for_status()
        r.encoding='utf-8'
    except Exception as ex:
        print("Fail: {}".format(ex))

    #解析源码
```

```
            soup0=bs4.BeautifulSoup(r.text,"html.parser")
            #直播新闻，信息在注释内，如当前无直播新闻，该代码段可省略
            if soup0.find('div', class_="artDescribe")!=None :
                    n1=r.text.index('<!--enpproperty')+len('<!--enpproperty')
                    n2=r.text.index('/enpproperty-->')
                    comment=bs4.BeautifulSoup(r.text[n1:n2],"html.parser")
                    title=comment.title.string
                    date=comment.date.string
                    txt=title+'\n'+date+'\n\n'           #标题下加日期
                    txt+=comment.abstract.string         #新闻详情
            #非直播新闻，结构相对固定
            else:
                    #找到唯一的标题标签的父标签
                    soup=soup0._____.parent
                    title=''
                    for s in soup.h1.strings:            #标题文字有多行的情况
                            title+=str(s).strip()
                    #标题文字存入文本，作为文本内容的标题
                    txt=title+'\n'
                    #标题下加日期，空两行
                    txt+=str(soup.find('span',class_='dc_3').string)+'\n\n'

                    #收集新闻文本，文本在<p>中
                    lstp=soup.find_all('p')
                    for p in lstp:
                            #段落内可能有嵌套标签，strings 属性能取出所有文本
                    lststring=p.strings
                    string=''
                    #依次连接所有<p>标签对文本
                    for s in lststring:
                            #s 是'bs4.element.NavigableString'类型
                            string+=str(s)
                    #删除文本内部空格
                    string="".join(string.split())
                    #每段文本尾部加换行符
                    txt+=string+'\n'
        #输出标题文字，提示用户已采集的新闻条目
        print(title)
        #保存新闻文本
        #以标题为文件名，不超过 25 个字符
        if len(title)>25:
                title= _____
        with open("d:\\python_exp "+title+'.txt','w',encoding='utf-8') as fw:
                fw.write(txt)
```

3. 程序改错

运行程序，系统给出错误信息"NameError：name ' getandsave' is not defined"，提示未定义 getandsave，但程序中已经定义该函数，请分析错误原因并消除错误。

4. 查看结果

运行程序后,打开"d:\python_exp"文件夹,有以新闻标题为文件名的文件,内含标题、日期和内容。

5. 思考

如果有效信息在注释内,该如何提取?

书后附二维码:exp10.2_农业新闻—参考答案

实 验 十 一
图像处理

【实验目的与要求】

1. 掌握 PIL 库的基本应用。
2. 了解 PIL 图像处理的一般技巧。

【实验涉及的主要知识单元】

PIL(Python Image Library)是 python 的第三方图像处理库,由于其强大的功能已经被认为是 Python 官方图像处理库。本实验涉及的基本概念主要有:

1. 坐标系

Python 图像库使用笛卡尔像素坐标系,左上角为(0,0)。

坐标通常以 2 元组(x,y)表示。矩形区域由一个 4 元组定义,表示为坐标是(left,upper,right,lower)。PIL 使用左上角为(0,0)的坐标系统。需要注意的是,这些坐标代表像素之间的位置,例如,区域为(100,100,900,700),表示区域的大小为 800×600 像素,位于(100,100)处。

2. 尺寸

图像尺寸是一个 2 元组,表示包含以像素为单位的水平和垂直像素数目大小。

3. 模式

图像的模式定义了图像中像素的类型和深度。1 位像素的值范围是 0—1,8 位像素的值范围是 0—255 等。标准模式有 1、L、P、RGB、RGBA、CMYK、YCbCr、LAB、HSV、I、F。

4. 调色板

调色板模式(P)使用调色板定义每个像素的实际颜色。调色板只有图像的颜色小于等于 256 色的时候才有,24 位、32 位真彩色是没有调色板的。

【实验内容与步骤】

一、图像基本操作

1. 转存图像

试打开实验环境中"五亭桥.jpg"图像,显示其主要参数,然后将图像格式转换为 PNG 格式,存储为"五亭桥 1.png"文件。

完善下列代码,实现上述任务:

```
import os
import _____(1)
os.chdir("D://python_exp")
```

```
im = PIL.Image._____(2)_____
print(im.format,im.mode,im.size)
im._____(3)_____
```

书后附二维码:exp11.1_转存图像—参考答案

2. 缩放图像

试对实验环境中"五亭桥.jpg"图像进行缩放处理。将图像缩放至(100,100)大小,存储为"五亭桥2.png"文件。

完善下列代码,实现上述任务:

```
import os
import PIL.Image
os._____(1)_____
im = PIL.Image.open("五亭桥.jpg")
im = im._____(2)_____
im.show()
im.save("五亭桥2.png")
```

书后附二维码:exp11.2_缩放图像—参考答案

3. 旋转图像

请对实验环境中"五亭桥.jpg"图像作旋转处理。将图像逆时针旋转315度,存储为"五亭桥3.png"文件。

请修改下列代码,实现上述任务:

```
import PIL.Image
##########FOUND##########          表示下一行为错误行,下同。
im = Image.open("五亭桥.jpg")
im1 = im.rotate(315)
im1.show()
##########FOUND##########
im1.save("五亭桥3")
```

书后附二维码:exp11.3_旋转图像—参考答案

4. 创建缩略图

创建实验环境中"五亭桥.jpg"图像的缩略图,缩略图大小为(100,100),存储为"五亭桥4.png"文件。

请修改下列代码,实现上述任务:

```
##########FOUND##########
from PIL.Image
with Image.open("D://python_exp//五亭桥.jpg") as im :
##########FOUND##########
    im=im.thumbnail((100,100))
    im.show()
    im.save("五亭桥4.png")
```

书后附二维码:exp11.4_创建缩略图—参考答案

5. 模式转换

试将实验环境中"五亭桥.jpg"图像由 RGB 模式转换为 CYMK 模式,并存储为"五亭桥5.png"文件。

请编写相应代码,实现上述任务:

_____
_____
_____
_____
_____

书后附二维码:exp11.5_模式转换—参考答案

二、图像高级操作

1. 图像特效处理

试创建实验环境中"五亭桥.jpg"图像的手绘画效果,并存储为"五亭桥1.jpg"文件。

完善下列代码,实现上述功能:

```
from PIL import Image,ImageFilter
with ____(1)____ as im:
    im1 = im.filter(____(2)____)
    im1.show()
    im1.save("D:\\python_exp\\五亭桥1.jpg")
```

书后附二维码:exp11.6_图像特效处理—参考答案

2. 图像增强处理

试对实验环境中"五亭桥.jpg"图像作对比度增强处理,显示出增强因子为0,0.5,1,…,3 的7张图片。

完善下列代码,实现上述功能:

```
import PIL.Image
import PIL.ImageEnhance
im=PIL.Image.open("D:\\python_exp\\五亭桥.jpg")
en = PIL.____(1)____ (im)
for factor in range(7):
    en.____(2)____.show()
```

书后附二维码:exp11.7_图像增强处理—参考答案

3. 通道处理

试将实验环境中"五亭桥.jpg"图像的 RGB 三通道提取出来,分别存储为"五亭桥-R.jpg""五亭桥-G.jpg""五亭桥-B.jpg"文件,查看一下"五亭桥-R.jpg"图像文件的模式,任意交换一下通道数据,查看通道重组后的效果。

完善下列代码,实现上述功能:

```
import PIL.Image
im = PIL.Image.open("D:\\python_exp\\五亭桥.jpg")
```

```
r, g, b = im.____(1)____
r.show()
g.show()
b.show()
r.save("D:\\python_exp\\五亭桥-R.jpg")
g.save("D:\\python_exp\\五亭桥-G.jpg")
b.save("D:\\python_exp\\五亭桥-B.jpg")
im_R = PIL.Image.open("D:\\python_exp\\五亭桥-R.jpg")
print(im_R.format, im_R.mode, im_R.size)
om = PIL.Image.____(2)____
om.show()
```

书后附二维码:exp11.8_通道处理—参考答案

4. 点处理

试对实验环境中"五亭桥.jpg"图像的亮度作调整处理:①亮度调暗处理,将数据值调整为原来的一半,②亮度增大处理,将数据值调整为原来的 2 倍,查看处理后的效果。

修改下列代码,实现上述功能:

```
import PIL.Image
im = PIL.Image.open("D:\\python_exp\\五亭桥.jpg")
##########FOUND##########
im1 = im.point(0.5)
im1.show()
##########FOUND##########
im2 = im. filter (lambda x:x*2)
im2.show()
```

书后附二维码:exp11.9_点处理—参考答案

5. 合成图像

试将实验环境中"扬州漆器.jpg"图像作浮雕处理,然后以"扬州八怪画.jpg"图像为主图像,与之进行图像合成,制作"钢印效果"图像。

修改下列代码,实现上述功能:

```
import PIL.Image, PIL.ImageFilter
im1 = PIL.Image.open("D://python_exp//扬州漆器.jpg")
im2 = PIL.Image.open("D://python_exp//扬州八怪画.jpg")
im1 = im1.resize(im2.size)
##########FOUND##########
im1 = im1.filter(EDGE_ENHANCE)
im1.show()
im2.show()
##########FOUND##########
im3 = PIL.Image.split()
im3.show()
```

书后附二维码:exp11.10_合成图像—参考答案

实验十二
pandas 数据分析

【实验目的与要求】

1. 理解 pandas 的主要数据结构。
2. 掌握 pandas 的数据源创建方法。
3. 掌握 pandas 常见的数据分析步骤。

【实验涉及的主要知识单元】

1. pandas 的主要数据结构

pandas 的主要数据结构有 Series、DataFrame 和 Panel。其中最常用的是 Series 和 DataFrame。

2. pandas 的数据源

pandas 可以通过列表、字典等直接创建数据源或者从 csv 等文件获取数据源。

3. pandas 的常见的数据分析步骤

常见的数据分析步骤包括数据准备、数据预处理、数据操作、数据运算以及数据输出(可视化)等。

4. pandas 的安装

pandas 是 Python 的第三方库,使用前需要事先安装。安装命令如下:

:\> pip install pandas

【实验内容与步骤】

一、教务系统数据分析

在 D:\python_exp 文件夹新建"exp12.1_教务系统数据分析.py"文件,根据给出的某教务系统部分数据,按步骤提示填空或修改程序实现简单数据分析。

1. pandas 的数据准备

(1) 将以下两个学生基本信息表格(表 12.1、表 12.2)分别以嵌套列表结构存储,并基于嵌套列表创建 DataFrame 对象 df1 和 df1_b。

表 12.1 学生基本信息

学号	姓名	性别	专业
190106	周瑶	女	人工智能
190105	潘阳	男	人工智能
190103	高珊	女	人工智能

表12.2 学生基本信息

学号	姓名	性别	专业
190205	刘刚	男	网络工程
190207	武琳	女	网络工程

```
import pandas as pd
pd.set_option('display.unicode.east_asian_width',True)
stu1=['190106','周瑶','女','人工智能']
stu2=['190105','潘阳','男','人工智能']
stu3=['190103','高珊','女','人工智能']
list1 = [stu1,stu2,stu3]
df1 = pd.DataFrame(list1,columns=['学号','姓名','性别','专业'])
stu4=['190205','刘刚','男','网络工程']
stu5=['190207','武琳','女','网络工程']
list1_b = [stu4,stu5]
df1_b = pd.DataFrame(list1_b,columns=['学号','姓名','性别','专业'])
```

(2) 将以下学生成绩信息表格(表12.3)以字典结构存储,并基于该字典创建 DataFrame 对象 df2。

表12.3 学生成绩信息

学号	课程代号	成绩
190103	001003	83
190103	001006	89
190105	001003	59
190207	001002	77
190207	001006	87

```
stuid={'学号':['190103','190103','190105','190207','190207']}
courseid={'课程代号':['001003','001006','001003','001002','001006']}
scores={'成绩':[83,89,59,77,87]}
dict2 = dict(stuid,**courseid,**scores)
df2 = pd.DataFrame(dict2)
```

(3) 先在 D:\python_exp 文件夹利用 Excel 创建以下课程基本信息表(表12.4)并保存为 csv 类型文件"course.csv"(gbk 编码),再从该文件读取数据创建 DataFrame 对象 df3。

表12.4 课程基本信息

课程代号	课程名	课时数	必修	学分
001001	操作系统原理	3	False	2
001002	数据库原理	4	True	3

(续表)

课程代号	课程名	课时数	必修	学分
001003	管理信息系统	3	False	2
001004	数字电路	4	False	3
001005	数据结构	3	True	3
001006	英语	6	True	3

```
import os
os.chdir("d:\\python_exp")
df3 = pd.read_csv("course.csv",dtype={'课程代号':str},encoding = "gbk")
```

2. pandas 的数据预处理

(1) 数据合并

将 df1 和 df1_b 对象合并为 df1 对象,并且重建行索引,请填空:

df1 = _____

(2) 数据连接

将 df1、df2 及 df3 对象按内连接合并数据行为 df 对象,请填空:

df = _____   ＃按学号主键内连接合并

df = pd.merge(df,df3,on = '课程代号',how = "inner")

3. pandas 的数据操作及运算

(1) 按学号将数据行分组,统计每位同学的平均成绩并按平均成绩由高到低排名次。

＃下行有错误,请改正

```
score_group = df.groupby('成绩')[['学号']]
result = score_group.mean()
result = result.rename(columns = {'成绩':'平均成绩'})
```

＃下行有错误,请改正

```
result = result.sort_values(by = ['平均成绩'],ascending = True)
row_count = result.shape[0]
result['排名'] = list(range(1,row_count + 1))
```

(2) 创建所有同学的成绩数据透视表,且同时按学号、课程名统计平均成绩。

```
df_provt = pd.pivot_table(df,index = '学号',columns = '课程名',values = \
'成绩',aggfunc = 'mean',margins_name = '平均成绩',margins = True)
```

4. pandas 的数据输出

```
＃输出平均成绩排名
print(result)
```

＃完善程序后,运行并观察以下平均成绩排名结果。

学号	平均成绩	排名
190103	86	1
190207	82	2
190105	59	3

```
#输出成绩数据透视表
print(df_provt)
#运行程序,观察以下成绩数据透视表结果。
```

课程名 学号	数据库原理	管理信息系统	英语	平均成绩
190103	NaN	83.0	89.0	86
190105	NaN	59.0	NaN	59
190207	77.0	NaN	87.0	82
平均成绩	77.0	71.0	88.0	79

```
#你能改善一下以上数据透视表中的缺失值输出效果吗?

#输出每位同学平均成绩柱形图
```

```python
import matplotlib.pyplot as plt
plt.rcParams['font.family'] = 'Microsoft YaHei'    #设置字体为微软雅黑
plt.title('平均成绩图')                              #设置标题
plt.bar(result.index,result['平均成绩'])             #设置柱形图 x 轴、y 轴数据源
plt.show()                                          #输出平均成绩图
```

#运行程序,观察平均成绩图结果,如图 12.1 所示。

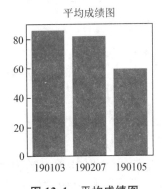

图 12.1 平均成绩图

书后附二维码:exp12.1_教务系统数据分析—参考答案

二、健康状况问卷调查分析

有一个"大学生生活习惯与健康问卷"的回收数据文件"BMI.csv"(gbk 编码),文件部分内容如图 12.2 所示。

在 D:\python_exp 文件夹新建"exp12.2_健康状况问卷调查分析.py"文件,按步骤提示完善程序,完成对参与问卷调查的大学生身高与体重健康状况的分析。

1. 数据准备

```python
import os
import pandas as pd
import matplotlib.pyplot as plt
```

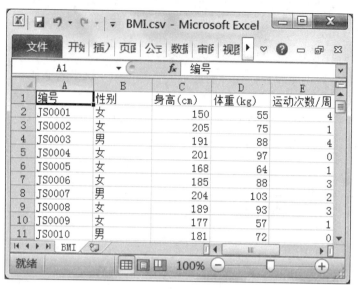

图12.2 健康问卷回收数据

os.chdir("d:\\python_exp")
pd.set_option('display.unicode.east_asian_width', True)
#根据"BMI.csv"文件数据创建 DataFrame 对象 df,请填空:

_____

2.数据预处理
(1)缺失值处理
#将 df 对象含缺失值的数据行删除,请填空:

_____

(2)数据清洗

身体质量指数(BMI)可以从身高和体重角度判别一个人的身体健康状况,其计算公式为 BMI=体重(kg)/身高(m)^2,其国际健康标准为 18.5≤BMI≤24.9。

数据清洗过程:先计算每个数据行的 BMI 值并添加至 df 对象的"BMI"列,将小于 18.5 或大于 24.9 的 BMI 值利用箱线图法找出异常值并将异常 BMI 值所在数据行删除。删除标准为 BMI 小于异常值下限或 BMI 大于异常值上限。

#定义函数 boxline(),根据传入的 df 对象计算并返回异常值上下限。

```
def boxline(df):
    box = df[['BMI']].describe()                          #获得四分位数
    box.loc['IQR'] = box.loc['75%'] - box.loc['25%']      #计算四分位数间距
    #计算异常值下限
    box.loc['Llimit'] = box.loc['25%'] - 1.5*box.loc['IQR']
    box.loc['Llimit'] = max(box.loc['Llimit']['BMI'],box.loc['min']['BMI'])
    #计算异常值上限
    box.loc['Ulimit'] = box.loc['75%'] + 1.5*box.loc['IQR']
    box.loc['Ulimit'] = min(box.loc['Ulimit']['BMI'],box.loc['max']['BMI'])
    return(box.loc['Ulimit']['BMI'],box.loc['Llimit']['BMI'])
#计算 BMI 值并添加至"BMI"列,请填空
```

```
df['BMI'] = _____
filter1 = df['BMI']<18.5
#引用boxline()函数返回df对象BMI小于18.5的下限异常值,请填空
ulimit, _____ = _____
filter2 = df['BMI']<llimit
#删除BMI值异常数据行,请填空
_____
filter3 = df['BMI']>24.9
#引用boxline()函数返回df对象BMI大于24.9的上限异常值,请填空
_____, llimit = _____
filter4 = df['BMI']>ulimit
#删除BMI值异常数据行,请填空
_____
```

3. 数据操作及运算

数据预处理完毕即可按性别统计BMI合格(达健康标准)率。

```
#按性别统计人数,请填空
grp1a = _____
#按性别统计BMI合格人数,请填空
filter5 = _____        #筛选条件:BMI达健康标准
grp1b = _____
#将grp1a、grp1b对象组合为popass1对象
popass1 = pd.DataFrame([grp1b,grp1a],index = ['合格人数','总人数']).T
#计算BMI合格率并添加"合格率"列,请填空
popass1['合格率'] = _____
```

4. 数据输出与可视化

```
#输出分析结果
print(popass1)

#将分析结果保存至"bmiresult.csv"文件,请填空
_____

#按性别输出BMI合格率柱形图
plt.rcParams['font.family'] = 'Microsoft YaHei'
plt.title('BMI合格率分析图')
#设置柱形图x轴、y轴数据源,请填空
plt.bar(_____,_____)
plt.show()
```

书后附二维码:exp12.2_健康状况问卷调查分析——参考答案

实验十三 绘制图表

【实验目的与要求】

1. 了解 matplotlib 库的主要对象。
2. 运用 matplotlib 库绘制图表。
3. 掌握各种图形类型绘制所对应的函数。

【实验涉及的主要知识单元】

1. matplotlib 第三方库的安装。

matplotlib 是 Python 的第三方库,使用前必须事先安装。安装命令为:

    :\> pip install matplotlib

2. matplotlib 库的 pyplot 模块。
3. pyplot 对象的常用参数和使用。

【实验内容与步骤】

一、程序填空

【程序 13.1】 绘制水平条形图。

假设 2019 年内地电影票房前 20 的电影(列表 a)和电影票房数据(列表 b)如下:
lst_movie = ["哪吒之魔童降世","流浪地球","复仇者联盟 4:终局之战",
"我和我的祖国","中国机长","疯狂的外星人","飞驰人生","烈火英雄",
"少年的你","速度与激情:特别行动","蜘蛛侠:英雄远征","扫毒 2:天地对决",
"误杀","叶问 4","大黄蜂","攀登者","惊奇队长","比悲伤更悲伤的故事",
"哥斯拉 2:怪兽之王","阿丽塔:战斗天使"]
lst_data = [49.34,46.18,42.05,31.46,28.84,21.83,17.03,16.76,15.32,14.18,
14.01,12.85,11.97,11.72,11.38,10.88,10.25,9.46,9.27,8.88]

为了更加直观地展示该数据,绘制水平条形图,效果如图 13.1 所示。

    # 导入 matplotlib 库

    _____

    # 导入 matplotlib 库的 pyplot 模块,并命名为 plt

    _____

    # 设置中文字体为黑体
    matplotlib.rcParams["font.family"]="SimHei"
    # 设置负号显示正常

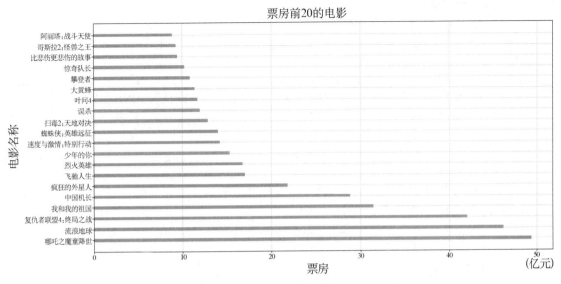

图 13.1 水平条形图

matplotlib.rcParams["axes.unicode_minus"]=False
#构建坐标
lst_movie = ["哪吒之魔童降世","流浪地球","复仇者联盟4:终局之战","我和我的祖国","中国机长","疯狂的外星人","飞驰人生","烈火英雄","少年的你","速度与激情:特别行动","蜘蛛侠:英雄远征","扫毒2:天地对决","误杀","叶问4","大黄蜂","攀登者","惊奇队长","比悲伤更悲伤的故事","哥斯拉2:怪兽之王","阿丽塔:战斗天使"]
lst_data = [49.34,46.18,42.05,31.46,28.84,21.83,17.03,16.76,15.32,14.18,14.01,12.85,11.97,11.72,11.38,10.88,10.25,9.46,9.27,8.88]
#设置图形大小
plt.figure(figsize=(20,8),dpi=80)
#绘制水平条形图,用 height 控制线条宽度为 0.3,颜色为 'orange'
_____
#设置 y 轴的刻度及字符串
plt.yticks(range(len(lst_movie)),lst_movie)
#添加网格
plt.grid(alpha=0.3)
#设置 x 轴与 y 轴的标签
plt.ylabel('电影名称')
plt.xlabel('票房')
#设置图表标题
_____
#显示图表
plt.show()
书后附二维码:exp13.1_绘制水平条形图——参考答案

二、程序改错

【程序 13.2】 绘制垂直条形图。

假设列表 lst_movie 中电影在 2019－11－4(b_4)、2019－11－5(b_5)、2019－11－6(b_6)三天的票房数据如下：

```
lst_movie=["流浪地球","烈火英雄","哪吒之魔童降世","中国机长"]
lst_data4=[15746,1312,14497,1119]
lst_data5=[12357,1156,15045,1068]
lst_data6=[11358,1399,16358,1036]
```

为了展示列表中电影本身的票房以及同其他电影的数据对比情况，绘制垂直条形图以更加直观地呈现数据，效果图如图 13.2 所示。

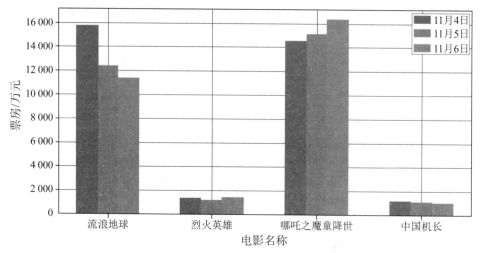

图 13.2 垂直条形图

```
#导入 matplotlib 库
import matplotlib
#导入 matplotlib 库的 pyplot 模块，并命名为 plt
import matplotlib.pyplot as plt
#设置中文字体为黑体
matplotlib.rcParams["font.family"]="SimHei"
#设置负号显示正常
matplotlib.rcParams["axes.unicode_minus"]=False
#构建坐标
lst_movie=["流浪地球","烈火英雄","哪吒之魔童降世","中国机长"]
lst_movie4=[15746,1312,14497,1119]
lst_movie5=[12357,1156,15045,1068]
lst_movie6=[11358,1399,16358,1036]
#设置柱状条形的宽度
```

```
bar_width = 0.2
#为了正常显示多个条形,将后两个条形向后移动一个 bar_width 宽度
x_4 = list(range(len(lst_movie)))
x_5 = x_4 + bar_width
x_6 = x_4 + bar_width * 2
#设置图形大小
plt.figure(figsize=(20,8),dpi=80)
#绘制柱状图
plt.bar(x_4, lst_movie4, width=bar_width, label="11月4日")
plt.bar(x_5, lst_movie5, width=bar_width, label="11月5日")
plt.bar(x_6, lst_movie6, width=bar_width, label="11月6日")
#设置图例
plt.legend()
#设置 x 轴的刻度
plt.xticks(lst_movie)
#设置 x 轴和 y 轴的标签
plt.xlabel('电影名称')
plt.ylabel('票房/万元')
#设置图表标题
plt.title('对比票房')
#设置网格
plt.grid()
#显示图表
plt.show()
```

调试程序,找出其中的三个错误并改正,直至程序能够正确运行结果。

书后附二维码:exp13.2_绘制垂直条形图—参考答案

三、程序设计

【程序 13.3】 绘制折线图。

假设通过爬虫你获取了某市 2019 年 3 月份和 10 月份每天白天的最高气温(分别位于列表 lst_temp3 和 lst_temp10 中),数据如下:

```
lst_temp 3=[10,16,17,14,12,10,12,6,6,7,8,9,12,15,15,17,
            18,21,16,16,20,13,15,15,15,18,20,22,22,24]
lst_temp 10=[26,26,28,19,21,17,16,19,18,20,20,19,22,23,17,
             20,21,20,22,15,11,15,5,13,17,10,11,13,12,13,6]
```

绘制折线图找出气温随时间变化的规律,效果图如图 13.3 所示。

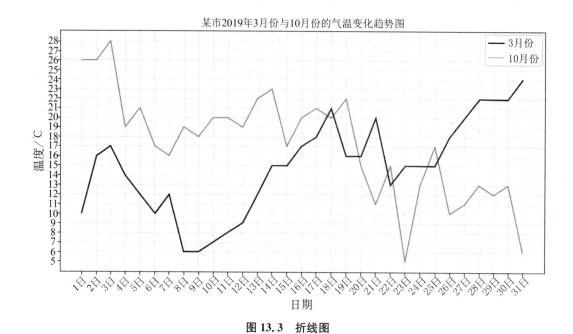

图 13.3 折线图

书后附二维码：exp13.3_绘制折线图—参考答案

实验十四
百度 AI 应用

【实验目的与要求】

1. 了解百度 AI 应用开发的过程。
2. 掌握百度 AI 图像处理方面的应用。

【实验涉及的主要知识单元】

1. 百度 AI 应用的 AppID、API Key 及 Secret Key 信息。
2. 百度 AI 图像处理 API 调用和 SDK 调用方式。
3. 百度 AI 图像处理的接口及参数设置。

【实验内容与步骤】

一、申请百度 AI 应用账号

1. 申请成为开发者

（1）登录百度 AI 开放平台（http://ai.baidu.com），点击右上角的控制台，使用百度账号或云账号登录进入系统。

（2）首次使用，登录后将会进入开发者认证页面，填写相关信息完成开发者认证。

（3）通过左侧控制台导航，选择产品服务—人工智能，进入具体 AI 服务项的控制面板（如文字识别、人脸识别），进行相关业务操作。

2. 创建应用

账号登录成功，需要创建应用才具有正式调用 AI 的能力。应用是调用 API 服务的基本操作单元，应用创建成功后将获得 AppID、API Key 及 Secret Key，此数据用于后续的接口调用操作及相关配置。

以文字识别为例，点击"创建应用"，即可进入应用创建界面，如图 14.1 所示。

创建应用必填项目如下：

① 应用名称：用于标识所创建的应用的名称，支持中英文、数字、下划线及中横线，此名称一经创建，不可修改。

② 应用类型：根据应用的适用领域，在下拉列表中选取一个类型。

③ 接口选择：每个应用可以勾选业务所需的所有 AI 服务的接口权限，创建应用完毕，此应用即具备了所勾选服务的调用权限。

④ 应用描述：对此应用的业务场景进行描述。

填写完毕后，点击"立即创建"，完成应用的创建。

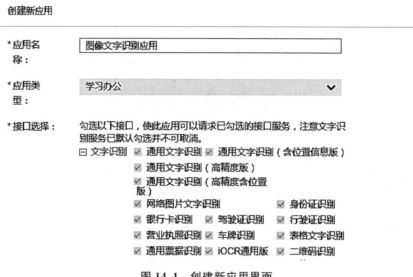

图 14.1　创建新应用界面

3．获取应用账号及密钥

应用创建完毕后，点击左侧导航中的"应用列表"，进行应用查看，如图 14.2 所示。

图 14.2　应用列表界面

可见，创建应用后，平台为应用分配了相关的应用凭证，主要为 AppID、API Key、Secret Key。这三个信息是后续应用开发的主要凭证。需要注意的是，每个应用凭证中数据各不相同，必须妥善保管。

二、通用物体识别

试使用百度 AI 开放平台，采用 API 方式，识别实验环境中的"1.jpg"和"2.png"照片内容。

操作步骤：

（1）使用百度账号，登录百度 AI 开放平台（http://ai.baidu.com），完成开发者认证，成为开发者。

（2）通过左侧控制台导航，选择">"，展开"全部产品"，选择"人工智能"—"图像识别"。

（3）在"图像识别"—"概览"页面，创建应用。

（4）在创建新应用页面填写应用名称、应用类型、接口选择、应用描述等信息，填写完毕后，点击"立即创建"，完成应用的创建。

（5）应用创建成功后，在"应用列表"页面查看获得的 AppID、API Key 及 Secret Key 信息,并记录下来,后面的程序中将应用到这些重要信息。

(6) 如果采用 HTTP API 调用,调用 API 时需在 URL 中带上 Access Token 参数。根据创建应用所分配到的 AppID、API Key 及 Secret Key,生成 Access Token(用户身份验证和授权的凭证),获取 Access Token 代码如下:

```
# encoding:utf-8
import requests
# client_id 为官网获取的 AK, client_secret 为官网获取的 SK
host = ' https://aip.baidubce.com/oauth/2.0/token?grant_type=client_credentials&client_id=【官网获取的AK】&client_secret=【官网获取的SK】'
response = requests.get(host)
if response:
    print(response.json())
```

服务器返回的 JSON 文本参数如下:

```
access_token:要获取的 Access Token;
expires_in:Access Token 的有效期(秒为单位,一般为 1 个月);
```

(7) 完善下列程序,通过 API 方式实现上述应用。

```
# encoding:utf-8
# 通用物体识别
import requests
import base64
# 应用中密钥 AK 与 SK
# client_id 设为官网获取的 AK,  client_secret 设为官网获取的 SK
client_id=____(1)____        #填写官网获取的 AK
client_secret=____(2)____    #填写官网获取的 SK
# 访问认证服务器,获取 access_token
host = 'https://aip.baidubce.com/oauth/2.0/token?grant_type=client_credentials&client_id=' + client_id + '&client_secret=' + client_secret
response = requests.get(host)
if response:
    response_json=response.json()
    access_token = ____(3)____    #获取 access_token
else:
    print("AK 错误或者 SK 错误")
    exit()
# 服务器地址
request_url = " https://aip.baidubce.com/rest/2.0/image-classify/v2/advanced_general"
request_url = request_url + "?access_token=" + access_token
# 二进制方式打开图像文件
filename = ____(4)____        #填写识别的照片文件
```

```
            f = open(filename, 'rb')
            img = base64.b64encode(f.read())
            # 参数设置
            params = {"image":img}
            headers = {'content-type': 'application/x-www-form-urlencoded'}
            # 请求服务器
            response = requests.____(5)____(request_url, data=params, headers=headers)
            # 解析返回结果
            if response:
                print(____(6)____)          #打印获取的 json 数据
```

书后附二维码:exp14.1_通用物体识别—参考答案

三、人脸图像评分

试使用百度 AI 开放平台,采用 SDK 方式,给自己的人脸照片打一打分数,看一看颜值有多高。

操作步骤:

(1) 使用百度账号,登录百度 AI 开放平台(http://ai.baidu.com),完成开发者认证,成为开发者。

(2) 通过左侧控制台导航,选择">",展开"全部产品",选择"人工智能"—"人脸识别"。

(3) 在"人脸识别"—"概览"页面,创建应用。

(4) 在创建新应用页面填写应用名称、应用类型、接口选择、应用描述等信息,填写完毕后,点击"立即创建",完成应用的创建。

(5) 应用创建成功后,在"应用列表"页面查看获得的 AppID、API Key 及 Secret Key 信息,并记录下来。

(6) 完善下列程序,通过 SDK 方式实现上述应用。

```
from aip import AipFace
import base64
# 你的 APPID AK SK
APP_ID = ____(1)____              #填写网站应用的 APP_ID 数据
API_KEY = ____(2)____             #填写网站应用的 AK 数据
SECRET_KEY = ____(3)____          #填写网站应用的 SK 数据
client = ____(4)____(APP_ID, API_KEY, SECRET_KEY)
filename=input('请输入待测评的照片文件名:')
with open(filename,"rb") as f:
    # 转换为 b64encode 编码格式数据
    base64_data = base64.b64encode(f.read())
image = str(base64_data,'utf-8')
imageType = ____(5)____
# 参数设置
options = {}
options["face_field"] = "age,beauty"
options["max_face_num"] = 1
options["face_type"] = "LIVE"
```

```
# 调用人脸检测
result = client.____(6)____(image, imageType, options);
print(result)
```

打印的数据为 json 格式数据,其中 age 表示年龄,beauty 表示颜值。

书后附二维码:exp14.2_人脸图像评分—参考答案

实验十五

图灵聊天机器人

【实验目的与要求】

1. 了解人工智能的基本概念。
2. 了解人工智能开放平台的功能及应用领域。
3. 掌握图灵机器人的调用方法和使用技巧。

【实验涉及的主要知识单元】

（1）图灵机器人是北京光年无限科技旗下的智能聊天机器人开放平台，是全球较为先进的机器人中文语言认知与计算平台。图灵机器人对中文语义理解准确率已达 90%，可为智能化软硬件产品提供中文语义分析、自然语言对话、深度问答等人工智能技术服务。为了满足不同智能化产品的需求，图灵机器人一体化集成了 500 多种生活信息服务技能。

通过图灵机器人开放平台，用户可快速构建自己的专属聊天机器人，并为其添加丰富的机器人云端技能。图灵机器人还可用于查询菜谱、天气、快递等信息。

（2）API V2.0 是基于图灵机器人平台的语义理解和深度学习等核心技术，为广大开发者和企业提供在线服务和开发接口。

目前 API 接口可调用聊天对话、语料库、技能等 3 大模块的语料。平台为聊天对话免费提供了近 10 亿条公有对话语料，能满足用户对话的娱乐需求；语料库允许用户在平台上传私有语料，仅供个人查看使用，帮助用户最便捷地搭建专业领域的语料；平台打包了 26 种实用服务技能，涵盖生活、出行、购物等多个领域，一站式满足用户需求。

其接口地址为 http://openapi.tuling123.com/openapi/api/v2。请求方式为 HTTP POST。请求参数格式为 json。

（3）图灵机器人的请求与响应信息

① 请求信息示例

```
{
    "reqType":0,          #输入类型:0-文本(默认)、1-图片、2-音频
    "perception": {       # perception 为输入信息
        "inputText": {
            "text": "附近的酒店"     #输入的文本信息，最多 128 个字符
        },
        "inputImage": {
            "url": "imageUrl"        #输入的图片信息地址
```

```
        },
        "selfInfo": {              # selfInfo 为客户端属性
            "location": {          # location 为地理位置信息
                "city": "扬州",
                "province": "江苏",
                "street": "华扬西路"
            }
        }
    },
    "userInfo": {    # userInfo 为用户信息
        "apiKey": "",            # 图灵机器人标识,32 位字符串
        "userId": ""     #用户唯一标识,最长 32 位的字符串
    }
}
```

② 响应信息示例

```
{
    "reqType":0,           #输入类型:0-文本(默认)、1-图片、2-音频
    "perception": {        # perception 为输入信息
        "inputText": {
            "text": "附近的酒店"     #输入的文本信息,最多 128 个字符
        },
        "inputImage": {
            "url": "imageUrl"      #输入的图片信息地址
        },
        "selfInfo": {              # selfInfo 为客户端属性
            "location": {          # location 为地理位置信息
                "city": "扬州",
                "province": "江苏",
                "street": "华扬西路"
            }
        }
    },
    "userInfo": {    # userInfo 为用户信息
        "apiKey": "",            # 图灵机器人标识,32 位字符串
        "userId": ""     #用户唯一标识,最长 32 位的字符串
    }
}
```

【实验内容与步骤】

一、获取图灵机器人 apikey

登录图灵机器人官方网站 http://www.tuling123.com/,出现如图 15.1 所示的页面。
点击右上角的"注册/登录"按钮,弹出图灵机器人的"登录/注册"对话框,如图 15.2 所示。

图 15.1　图灵机器人官方网站

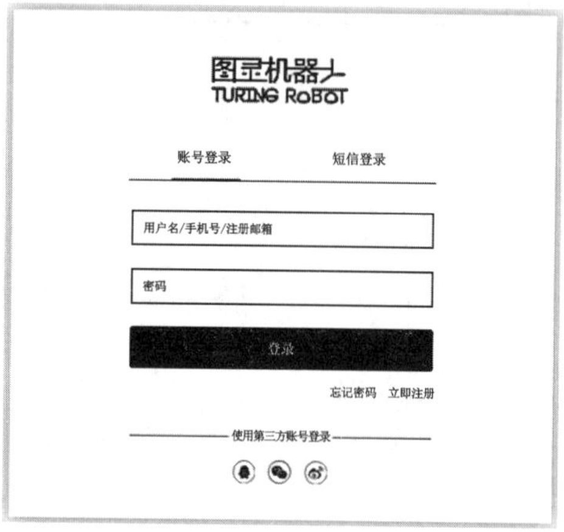

图 15.2　图灵机器人"登录/注册"对话框

点击"立即注册",弹出"注册"对话框,如图 15.3 所示。

图 15.3　图灵机器人"注册"对话框

按要求输入手机号、密码,点击"发送验证码"获取手机验证码,填入验证码后,阅读并勾选"阅读并同意《图灵机器人开放平台服务协议》《图灵机器人开放平台隐私权政策》",然后点击"注册"按钮注册图灵机器人的账号。

登录后点击"创建机器人"按钮,弹出对话框如图 15.4 所示。

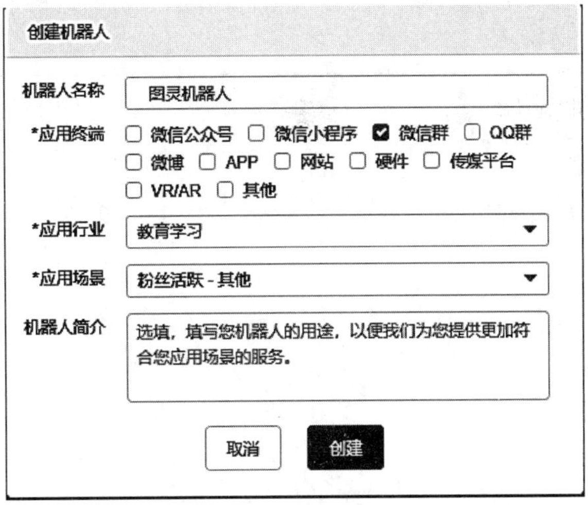

图 15.4　创建图灵机器人

根据需要填写一些简单的基本信息,点击"创建"按钮后,图灵机器人创建成功,页面显示如图 15.5 所示。

图 15.5　图灵机器人的 apikey

记录下自己的 apikey:232＊＊＊＊＊＊＊＊＊＊＊＊＊＊＊＊＊＊＊＊＊＊＊33c,以便后期在程

序代码中使用。

注意:这里密钥的开关应处于关闭状态。如果设置为打开状态,后面操作将出错。

二、编写图灵聊天机器人代码

Python 环境实现的基本思想是调用 urllib.request 模块,向 API V2.0 接口地址发送 HTTP POST 请求,请求中包含有聊天内容,然后接收图灵机器人的响应信息。

具体代码如下:

```python
import json
import urllib.request

api_url = "http://openapi.tuling123.com/openapi/api/v2"

text_input=''
while not(text_input == '88' or text_input == '拜拜' \
 or text_input == '再见'):
    text_input = input('我: ')
    req = {
        "perception":{
            "inputText":{
                "text": text_input
                },
            "selfInfo":{
                "location":{
                    "city": "扬州",
                    "province": "江苏",
                    }
                }
            },
        "userInfo": {
            "apiKey": "_____",    #自己的 apiKey
            "userId": "_____"     #自己的用户 Id
            }
        }

    req = json.dumps(req).encode('utf8')      # 将字典格式的 req 编码为 utf8

    http_post = urllib.request.Request(api_url, data=req, \
     headers={'content-type': 'application/json'})
    response = urllib.request.urlopen(http_post)
    response_str = response.read().decode('utf8')    # 字符型响应信息
    response_dic = json.loads(response_str)          # 将响应信息转换成字典类
    results_text = response_dic['results'][0]['values']['text']
    print('Turing 机器人: ' + results_text)
```

该程序的运行结果如图 15.6 所示。

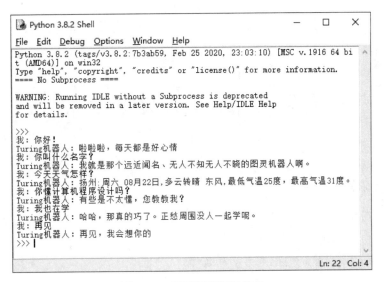

图 15.6　聊天程序运行结果

注意：

① 运行程序前，请将程序代码中 userInfo 参数的 apiKey 替换成你自己申请的 apiKey。userId 不能为空，但可以是任意字符串。

② 字典 req 包含了向图灵机器人发送请求所需的各项信息。其中"location"用来设置地理位置信息，尤其是在向图灵机器人发送与位置有关的请求，如查询天气、查找酒店等时，如果没有特别指定，图灵机器人会默认为"上海"。

③ 图灵机器人每天可免费访问 100 次。

④ 通过 wxpy、ichat 等第三方库，可以实现微信聊天自动回复、好友信息管理等功能，感兴趣的同学可以上网自学。但这具有封号的风险，需谨慎使用。

三、修改完善代码

(1) 打开 D:\python_exp 文件夹中的"exp15.1_图灵聊天机器人"文件，将代码中的 apiKey 和 userId 替换为自己的 apiKey 和 userId，运行程序，体验与图灵机器人聊天的感觉。

(2) 将代码中的地理位置信息更换为你感兴趣的其他城市，然后与图灵机器人聊天，查询当地的天气情况等信息。

(3) 修改代码，要求当用户的输入中包含"88""拜拜""再见"等字样时结束聊天，如用户输入"我有事要忙了，拜拜"等。

书后附二维码：exp15.1_图灵聊天机器人——参考答案

实验十六

新冠疫情确诊数据分析

【实验目的与要求】

1. 了解爬取数据、数据分析的过程。
2. 应用爬虫技术爬取网络数据。
3. 掌握 pyecharts 绘制地图的方法和技巧。

【实验涉及的主要知识单元】

1. 网络爬虫。
2. csv 数据处理。
3. pyecharts 是一个用来生成各种图表的 Python 第三方库,主要用于数据可视化。pyecharts 实际上就是 Python 和 echarts 的对接,而 echarts 是百度开源的一个数据可视化库。pyecharts 可绘制柱状图(bar)、箱型图(boxplot)、散点图(scatter)、漏斗图(funnel)、仪表盘(gauge)、水球图(liquid)、热力图(heatmap)、雷达图(radar)、词云图(wordcloud)、地图(map)等等。

① pyecharts 的安装

pyecharts 在使用前需预先安装,安装命令为 pip install pyecharts。

绘制地图时,需另外安装对应的地图文件包,具体命令如下:

pip install echarts-countries-pypkg   ♯全球国家地图

pip install echarts-china-provinces-pypkg   ♯中国省级地图

pip install echarts-china-cities-pypkg   ♯中国市级地图

② pyecharts 的常用方法

add() 添加图表的数据和设置各种配置项

render() 在指定的文件路径下生成.html 格式的图表文件

show_config() 打印输出图表的所有配置项

【实验内容与步骤】

一、爬取新冠疫情数据

1. 选定欲爬取数据的网址

在 2020 年新冠疫情期间,腾讯新闻的"新型冠状病毒肺炎疫情实时追踪"是人们关注疫情信息访问最多的网页之一,如图 16.1 所示。其对应的网址是 https://news.qq.com/zt2020/page/feiyan.htm。

图 16.1 腾讯新闻疫情实时追踪网页　　图 16.2 360 安全浏览器中网页的快捷菜单

2．爬取数据

通常用户都使用 360 安全浏览器、IE 浏览器、Google Chrome 浏览器或 Firefox 浏览器来浏览网页。本实验以 360 安全浏览器为例，其他浏览器的操作基本一样。

（1）打开 360 安全浏览器，在地址栏输入网址 https://news.qq.com/zt2020/page/feiyan.htm。

（2）右击网页，出现快捷菜单如图 16.2 所示。点击"审查元素(N)"，或者直接按功能键 F12，屏幕显示如图 16.3 所示。

图 16.3 "审查元素"的界面

· 99 ·

(3)点击"Network",然后再点击"刷新"按钮刷新网页,效果如图 16.4 所示。

图 16.4 "Network"的界面

(4)在左侧的"Name"栏选择 https://view.inews.qq.com/g2/getOnsInfo? name＝disease_h5&callback＝jQuery 34104803768044256418_1586571079902&_＝1586571079903,点击右侧的"Response",可以看到"{"ret":0,"data":"{\"lastUpdateTime\":\"2020－04－11 09:49:16\",\"chinaTotal\":{\"confirm\":83386,\"heal\":77935,\"dead\":3349,..."等信息,这些数据以字典的形式存储,关键字"data"对应的键值是我们想要爬取的中国新冠疫情数据。如图 16.5 所示。

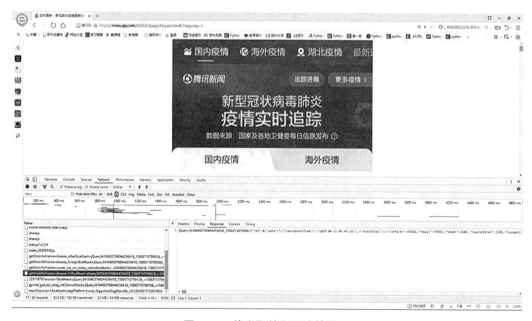

图 16.5 待爬取的新冠疫情数据

（5）点击右侧的"Headers"，可以看到"Request URL：https：//view.inews.qq.com/g2/getOnsInfo？name＝disease_h5＆callback＝..."等信息，这就是想要爬取的中国新冠疫情数据的网址。

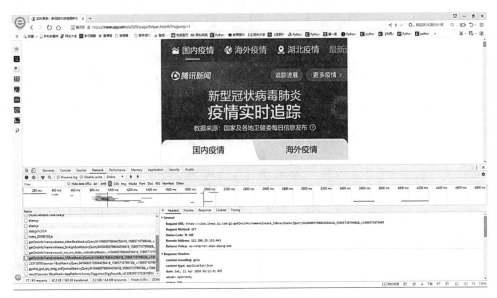

图 16.6　待爬取新冠疫情数据的网站信息

（6）有了网址，就可以爬取所需的数据。输入以下代码：

```
>>> import json
>>> import requests
>>> import time
>>> url = 'https://view.inews.qq.com/g2/getOnsInfo?name=\
disease_h5&callback=&_=%d'%int(time.time()*1000)
>>> data=json.loads(requests.get(url=url).json()['data'])
```

爬取到的数据存放在字典 data 中。

（7）分析字典 data 中的数据。字典 data 中的数据很多，2020 年 4 月 11 日爬取到的数据如下：

{'lastUpdateTime': '2020-04-11 10:17:35','chinaTotal': {'confirm': 83386, 'heal': 77935, 'dead': 3349, 'nowConfirm': 2102, 'suspect': 44, 'nowSevere': 141, 'importedCase': 1200, 'noInfect': 1092}, 'chinaAdd': {'confirm': 81, 'heal': 97, 'dead': 4, 'nowConfirm': -20, 'suspect': -9, 'nowSevere': -3, 'importedCase': 59, 'noInfect': 34}, 'isShowAdd': True, 'showAddSwitch': {'all': True, 'confirm': True, 'suspect': True, 'dead': True, 'heal': True, 'nowConfirm': True, 'nowSevere': True, 'importedCase': True, 'noInfect': True}, 'areaTree': [{'name': '中国', 'today': {'confirm': 81, 'isUpdated': True}, 'total': {'nowConfirm': 2102, 'confirm': 83386, 'suspect': 44, 'dead': 3349, 'deadRate': '4.02', 'showRate': False, 'heal': 77935, '

```
healRate': '93.46', 'showHeal': True}, 'children': [{'name': '香港', '
today': {'confirm': 16, 'confirmCuts': 0, 'isUpdated': True, 'tip': ''}, '
total': {'nowConfirm': 676, 'confirm': 989, 'suspect': 0, 'dead': 4, '
deadRate': '0.40', 'showRate': False, 'heal': 309, 'healRate': '31.24', '
showHeal': True}, 'children': [{'name': '地区待确认', 'today': {'confirm': 
16, 'confirmCuts': 0, 'isUpdated': True}, 'total': {'nowConfirm': 676, '
confirm': 989, 'suspect': 0, 'dead': 4, 'deadRate': '0.40', 'showRate': 
False, 'heal': 309, 'healRate': '31.24', 'showHeal': True}}]}, {'name': '
湖北', 'today': {'confirm': 0, 'confirmCuts': 0, 'isUpdated': True, '
tip': ''}, 'total': {'nowConfirm': 320, 'confirm': 67803, 'suspect': 
0, 'dead': 3219, 'deadRate': '4.75', 'showRate': False, 'heal': 64264, '
healRate': '94.78', 'showHeal': True}, 'children': [{'name': '武汉', '
today': {'confirm': 0, 'confirmCuts': 0, 'isUpdated': True}, 'total': {'
nowConfirm': 319, 'confirm': 50008, 'suspect': 0, 'dead': 2577, 'deadRate': '
5.15', 'showRate': False, 'heal': 47112, 'healRate': '94.21', 'showHeal': 
True}}, {'name': '宜昌', 'today': {'confirm': 0, 'confirmCuts': 0, '
isUpdated': True}, 'total': {'nowConfirm': 1, 'confirm': 931, 'suspect': 
0, 'dead': 36, 'deadRate': '3.87', 'showRate': False, 'heal': 894, '
healRate': '96.03' 'showHeal': True}}, …]}…]]}
```

字典 data 中包含有 lastUpdateTime、chinaTotal、chinaAdd、isShowAdd、showAddSwitch、areaTree 等关键字。

其中 chianTotal 中包含了 confirm（累计确诊）、heal（累计治愈）、dead（累计死亡）、nowConfirm（现有确诊）、suspect（疑似）、nowSevere（现有重症）、importCase（境外输入）、noInfect（无症状感染者）等信息。

areaTree 中的 children 键对应的是各省市的数据，各省中的 children 键对应的是各地级市的数据。

用以上的方法，我们同样可以爬取到世界各国的疫情数据。

二、绘制中国疫情地图

在绘制疫情地图之前，首先需要使用 pip install pycharts 命令安装第三方库，且需安装中国省级地图，具体命令如下：

```python
import json
import requests
from pyecharts.charts import Map
from pyecharts import options as opts

# 爬取各省疫情确诊数据
china_confirm = {}
url = 'https://view.inews.qq.com/g2/getOnsInfo?name=\
disease_h5&callback=&_=%d'%int(time.time()*1000)
for item in json.loads(requests.get(url=url).json()['data'])\
['areaTree'][0]['children']:
```

```python
        if item['name'] not in china_confirm:
            china_confirm.update({item['name']:item['total']['confirm']})

# 绘制中国疫情确诊数据地图
list1=[[k,v] for k,v in china_confirm.items()]   # 生成数据列表
map_china = Map()
map_china.set_global_opts(
    visualmap_opts=opts.VisualMapOpts(
        is_piecewise=True,    # 设置分段显示
        pieces=[
            {"max":0,"label":"0 人","color":"#FFFFFF"},
            {"min":1,"max":9,"label":"1-10 人","color":"#FFDDDD"},
            {"min":10,"max":99,"label":"10-99 人","color":"#FF9999"},
            {"min":100,"max":499,"label":"100-499 人","color":"#FF5555"},
            {"min":500,"max":999,"label":"500-999 人","color":"#FF0000"},
            {"min":1000,"max":10000,"label":"1000-10000 人","color":"#BB0000"},
            {"min":10000,"label":">10000 人","color":"#660000"}
        ]
    )
)
map_china.add("中国累计确诊数据", list1, maptype="china", \
    is_map_symbol_show=False)   # is_map_symbol_show 设置是否显示地图上的小红点
map_china.render("D:/python_exp/sy-xg/新冠疫情中国地图.html")
```

书后附二维码:exp16.1_中国疫情分析—参考答案

三、绘制世界疫情地图

1. 获取世界新冠疫情数据的网址

利用前面的分析方法,同样可以得到世界新冠疫情数据的网址为:
Request URL:https://view.inews.qq.com/g2/getOnsInfo? name=disease_foreign\&callback=jQuery34105615477766968782_1588116661417&_=1588116661418

2. 爬取并分析数据

```
url1 = 'https://view.inews.qq.com/g2/getOnsInfo?name=disease_foreign\
&callback=&_=%d'%int(time.time()*1000)
data = json.loads(requests.get(url=url1).json()['data'])

>>> data
{'foreignList': [{'name': '美国', 'continent': '北美洲', 'date': '07.13',
'isUpdated': True, 'confirmAdd': 25628, 'confirmAddCut': 0, 'confirm': 3381274,
'suspect': 0, 'dead': 137577, 'heal': 1501866, 'nowConfirm': 1741831,
'confirmCompare': 25628, 'nowConfirmCompare': 14034, 'healCompare': 11420,
'deadCompare': 174, 'children': [{'name': '纽约', 'date': '07.12', 'nameMap':
'New York', 'isUpdated': False, 'confirmAdd': 0, 'confirmAddCut': 0, 'confirm':
406328, 'suspect': 0, 'dead': 32343, 'heal': 57171}, {'name': '加利福尼亚',
'date': '07.12', 'nameMap': 'California', 'isUpdated': False, 'confirmAdd': 0,
```

```
'confirmAddCut': 0, 'confirm': 318761, 'suspect': 0, 'dead': 7029, 'heal': 80249},
{'name': '佛罗里达', 'date': '07.12', 'nameMap': 'Florida', 'isUpdated': False,
'confirmAdd': 0, 'confirmAddCut': 0, 'confirm': 254511, 'suspect': 0, 'dead':
4197, 'heal': 381}, ...]}, {'name': '西班牙', 'continent': '欧洲', 'date':
'07.13', 'isUpdated': True, 'confirmAdd': 852, 'confirmAddCut': 0, 'confirm':
300988, 'suspect': 0, 'dead': 28403, 'heal': 196958, 'nowConfirm': 75627,
'confirmCompare': 0, 'nowConfirmCompare': 0, 'healCompare': 0, 'deadCompare': 0},
{'name': '日本本土', 'continent': '亚洲', 'date': '03.28', 'isUpdated': False,
'confirmAdd': 0, 'confirmAddCut': 0, 'confirm': 1724, 'suspect': 0, 'dead': 52,
'heal': 372, 'nowConfirm': 1300, 'confirmCompare': 0, 'nowConfirmCompare': 0,
'healCompare': 0, 'deadCompare': 0, 'children': [{'name': '东京', 'date': '07.13',
'nameMap': 'Tokyo', 'isUpdated': True, 'confirmAdd': 0, 'confirmAddCut': 0,
'confirm': 7927, 'suspect': 0, 'dead': 9, 'heal': 0},]}, {'name': '钻石号邮轮',
'continent': '其他', 'date': '03.31', 'isUpdated': False, 'confirmAdd': 0,
'confirmAddCut': 0, 'confirm': 712, 'suspect': 0, 'dead': 11, 'heal': 603,
'nowConfirm': 98, 'confirmCompare': 0, 'nowConfirmCompare': 0, 'healCompare': 0,
'deadCompare': 0}, ...]}
```

从字典 data 的数据中,可以看到各国和地区的确诊信息在'foreignList':[…]这对数据中,数据以列表的形式给出。每个国家和地区的具体数据又是一个字典,其中 name 对应的是国家或地区名称,confirm 对应的是确诊数。

3. 特殊数据处理

(1) 在爬取的数据中,日本的数据显示为"日本本土",需修改为"日本"。

(2) "钻石号邮轮"的数据没有对应的国家,可直接删除。

(3) 爬取的海外疫情数据中没有中国的数据,需要爬取国内的数据,并添加。

4. 国家或地区名称的中英文转换

在用 pyecharts 绘制世界地图时,各个国家或地区的名称是英文,而爬取数据中的国家或地区名称是中文,因此还必须将中文的国家或地区名称转换成英文,才能绘制相应的确诊数据世界地图。

可以上网搜索"国家和地区中英文对照表",选择 excel 格式的文件下载,并将其转换成 csv 格式。

5. 绘制世界地图

绘制世界地图前,需执行 pip install echarts-countries-pypkg 命令安装全球国家或地区地图。

绘制世界各国或地区确诊数据疫情地图的代码如下:

```
import time
import json
import requests
from pyecharts.charts import Map
from pyecharts import options as opts
import csv
```

爬取世界疫情确诊数据

```
world_confirm = {}
url1 = ' https://view.inews.qq.com/g2/getOnsInfo?name=\
disease_foreign&callback=&_=%d' %int(time.time()*1000)
for item in json.loads(requests.get(url=url1)\
.json()['data'])['foreignList']:
    if item['name'] not in world_confirm:
        world_confirm.update({item['name']:item['confirm']})
```

特殊数据处理

```
    world_confirm['日本']=world_confirm.pop('日本本土')    # 处理日本本土和
日本名称不统一问题
    del world_confirm['钻石号邮轮']    # 删除"钻石号邮轮"的数据,它没有对应的
国家
```

添加中国确诊总数

```
url2='https://view.inews.qq.com/g2/getOnsInfo?name=disease_h5'
china_info=json.loads(requests.get(url=url2).json()['data'])
china_confirm=china_info["chinaTotal"]["confirm"]
world_confirm["中国"]=china_confirm
```

国家和地区名称中英文转换

```
with open("国家和地区中英文对照.csv","r",encoding="utf-8")\
 as chinese_english:
    table= csv.reader(chinese_english)
    head=next(table)
    rec=[]
    for row in table:
        rec.append(row)
chinese_english_dict=dict(rec)
```

绘制世界疫情确诊数据地图

```
country = list(world_confirm.keys())
value=list(world_confirm.values())
list2 = [[chinese_english_dict[country[i]],value[i]] \
for i in range(len(country))]    # 生成英文名称和数据的列表
map_world = Map()

map_world.set_global_opts(
```

```
            visualmap_opts=opts.VisualMapOpts(
            is_piecewise=True,     # 设置分段显示
            pieces=[
            {"max":0,"label":"0 人","color":"#FFFFFF"},
            {"min":1,"max":9,"label":"1-9 人","color":"#FFDDDD"},
            {"min":10,"max":99,"label":"10-99 人","color":"#FF9999"},
            {"min":100,"max":999,"label":"100-999 人","color":"#FF5555"},
            {"min":1000,"max":9999,"label":"1000-9999 人","color":"#FF0000"},
            {"min":10000,"max":99999,"label":"10000-99999 人","color":"#BB0000"},
            {'min':100000,"label":">100000 人","color":"#660000"}
            ])
        )
        map_world.add("世界累计确诊数据", list2, maptype="world", \
        is_map_symbol_show=False)  # is_map_symbol_show 设置是否显示地图上的小红点
        map_world.set_series_opts(label_opts=\
        opts.LabelOpts(is_show=False))   # 不显示国家或地区名称
        map_world.render("D:/python_exp/sy-xg/新冠疫情世界地图.html")
```

6. 进一步完善

(1) 部分国家或地区未着色

打开绘制的"新冠疫情世界地图",可以发现有许多国家和地区有疫情数据,但版图上没有着色。对照地图上的国家和地区名称及"国家和地区中英文对照.csv"表中的英文名称,可以发现名称表达不一致。将"国家和地区中英文对照.csv"表中的国家和地区英文名称修改成地图上的名称即可。

(2) 去除地图上的国家和地区名称

绘制的地图上,每个国家和地区都显示有相应的英文名称。由于国家和地区众多,重叠在一起很不美观。

去除国家和地区名称显示的设置是 map_world.set_series_opts(label_opts=opts.LabelOpts(is_show=False))。

7. 说明

从爬取的数据中,可以看到部分国家和地区的疫情数据没有及时更新。如:

'name':'美国','date':'07.13','isUpdated':True,'confirm':3381274

'name':'日本本土','date':'03.28','isUpdated':False,'confirm':1724

由于本实验重点介绍疫情数据的爬取及疫情确诊数据的地图绘制,该问题不再处理。

书后附二维码:exp16.2_世界疫情分析—参考答案

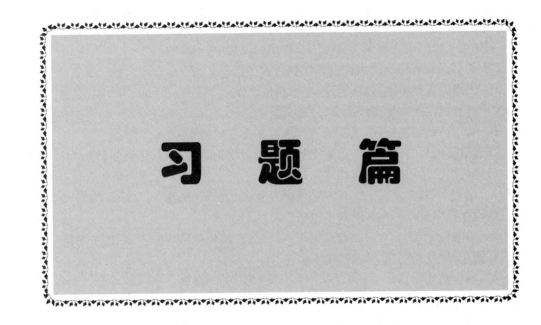

第 1 章　Python 程序设计概述

1.1　程序设计

一、单选题

1. 下列关于机器语言程序与高级语言程序的说法中,正确的是_____。
   A. 机器语言程序比高级语言程序执行速度慢
   B. 机器语言程序比高级语言程序可移植性强
   C. 机器语言程序比高级语言程序可读性差
   D. 有了高级语言程序,机器语言程序就无存在的必要了
2. 高级语言编写的程序同样也不能被计算机直接识别并执行,也需要转换为机器语言目标代码。转换的方式有两种:_____。
   A. 编码和解码　　B. 调制和解调　　C. 编译和解释　　D. 汇编和反汇编
3. 结构化程序设计的基本原则不包括_____。
   A. 多态性　　　　B. 自顶向下　　　C. 模块化　　　　D. 逐步求精
4. 结构化程序所要求的基本结构不包括_____。
   A. 顺序结构　　　　　　　　　　　B. goto 跳转
   C. 选择(分支)结构　　　　　　　　D. 重复(循环)结构
5. 结构化程序设计中,下面对 goto 语句使用描述正确的是_____。
   A. 禁止使用 goto 语句　　　　　　B. 使用 goto 语句程序效率高
   C. 应避免滥用 goto 语句　　　　　D. goto 语句确实一无是处
6. 下面描述中,符合结构化程序设计风格的是_____。
   A. 使用顺序、选择和重复(循环)三种基本控制结构表示程序的控制逻辑
   B. 模块只有一个入口,可以有多个出口
   C. 注重提高程序的执行效率
   D. 不使用 goto 语句
7. 结构化程序设计主要强调的是_____。
   A. 程序的规模　　　　　　　　　　B. 程序的易读性
   C. 程序的执行效率　　　　　　　　D. 程序的可移植性
8. 对建立良好的程序设计风格,下面描述正确的是_____。
   A. 程序应简单、清晰、可读性好　　B. 符号名的命名只要符合语法
   C. 充分考虑程序的执行效率　　　　D. 程序的注释可有可无
9. 下列选项中属于面向对象设计方法主要特征的是_____。
   A. 继承　　　　　　B. 自顶向下　　　C. 模块化　　　　D. 逐步求精
10. 在面向对象方法中,不属于"对象"基本特点的是_____。
    A. 一致性　　　　B. 分类性　　　　C. 多态性　　　　D. 标识唯一性

11. 面向对象方法中,继承是指_____。
    A. 一组对象所具有的相似性质　　　B. 一个对象具有另一个对象的性质
    C. 各对象之间的共同性质　　　　　D. 类之间共享属性和操作的机制
12. 在面向对象方法中,实现信息隐蔽是依靠_____。
    A. 对象的继承　　B. 对象的多态　　C. 对象的封装　　D. 对象的分类
13. 下面对对象概念描述正确的是_____。
    A. 对象间的通信靠消息传递
    B. 对象是名字和方法的封装体
    C. 任何对象必须有继承性
    D. 对象的多态性是指一个对象有多个操作
14. 下面概念中,不属于面向对象方法的是_____。
    A. 对象　　　　　B. 继承　　　　　C. 类　　　　　　D. 过程调用
15. 在面向对象方法中,一个对象请求另一对象为其服务的方式是通过发送_____。
    A. 调用语句　　　B. 命令　　　　　C. 口令　　　　　D. 消息
16. 信息隐蔽的概念与下述哪一种概念直接相关?_____。
    A. 软件结构定义　B. 模块独立性　　C. 模块类型划分　D. 模块耦合度
17. 下面对对象概念描述错误的是_____。
    A. 任何对象都必须有继承性　　　　B. 对象是属性和方法的封装体
    C. 对象间的通信靠消息传递　　　　D. 操作是对象的动态属性
18. 程序调试的目的是_____。
    A. 发现错误　　　　　　　　　　　B. 改正错误
    C. 改善程序的性能　　　　　　　　D. 挖掘程序的潜能

二、填空题
1. 用_____语言编写的程序可以被计算机直接执行。
2. 按照计算机语言的发展使用情况,人们将它分为 3 大类:机器语言、汇编语言和_____。
3. 结构化程序设计的3种基本逻辑结构为顺序、选择和_____。
4. 源程序文档化要求程序应加注释。注释一般分为序言性注释和_____。
5. 在面向对象方法中,信息隐蔽是通过对象的_____性来实现的。
6. 类是一个支持集成的抽象数据类型,而对象是类的_____。
7. 在面向对象方法中,类之间共享属性和操作的机制称为_____。
8. IPO 模式是指任何一个程序本质上都是由输入数据、_____和输出数据 3 个部分组成的。

1.2 Python 语言发展概述

一、单选题

1. Python 语言的主网站网址是_____。
   A. https://www.python.org/　　　　　B. https://www.python123.org/
   C. https://pypi.python.org/pypi　　　D. https://www.python123.io/

2. Python3.8 正式发布的年份是_____。
   A. 1990　　　　　B. 2002　　　　　C. 2008　　　　　D. 2019
3. 关于 Python 语言的特点,以下选项中描述错误的是_____。
   A. Python 语言是脚本语言　　　　B. Python 语言是多模型语言
   C. Python 语言是跨平台语言　　　D. Python 语言是非开源语言
4. IDLE 菜单中将选中区域取消缩进的快捷键是_____。
   A. Alt+C　　　　B. Ctrl+O　　　　C. Ctrl+V　　　　D. Ctrl+[
5. IDLE 菜单中将选中区域缩进的快捷键是_____。
   A. Ctrl+C　　　　B. Ctrl+S　　　　C. Ctrl+A　　　　D. Ctrl+]
6. IDLE 菜单中将选中区域取消注释的快捷键是_____。
   A. Alt+3　　　　B. Alt+G　　　　C. Alt+Z　　　　D. Alt+4
7. IDLE 菜单中将选中区域注释的快捷键是_____。
   A. Alt+3　　　　B. Alt+G　　　　C. Alt+Z　　　　D. Alt+4
8. IDLE 菜单将选中区域的空格替换为 Tab 的快捷键是_____。
   A. Alt+5　　　　B. Alt+C　　　　C. Alt+V　　　　D. Alt+6
9. IDLE 菜单将选中区域的 Tab 替换为空格的快捷键是_____。
   A. Alt+5　　　　B. Alt+0　　　　C. Alt+C　　　　D. Alt+6
10. IDLE 菜单中创建新文件的快捷键是_____。
    A. Ctrl+N　　　B. Ctrl+]　　　　C. Ctrl+[　　　　D. Ctrl+F
11. Python3.8 版本的保留字总数是_____。
    A. 35　　　　　B. 29　　　　　C. 33　　　　　D. 27
12. 以下选项中,不是 Python 打开方式的是_____。
    A. Office
    B. 命令行版本的 Python Shell-Python 3.x
    C. 带图形界面的 Python Shell-IDLE
    D. Windows 系统的命令行工具
13. 下列快捷键中能够中断(Interrupt Execution)Python 程序运行的是_____。
    A. F6　　　　　B. Ctrl＋C　　　　C. Ctrl＋Q　　　　D. Ctrl＋F6

二、填空题
1. Python 的 IDLE 支持两种方式来运行程序,一是_____,二是_____。
2. 要关闭 Python 解释器,可使用函数_____。
3. 在 Python 解释器中,使用函数_____,可以进入帮助系统。
4. Python 安装扩展库常用的是_____工具。
5. Python 程序文件扩展名主要有_____和_____两种,其中后者常用于 GUI 程序。
6. Python 源代码程序编译后的文件扩展名为_____。

1.3　Turtle 绘图

一、单选题
1. 关于 import 引用,以下选项中描述错误的是_____。

A. import 保留字用于导入模块或者模块中的对象
   B. 使用 import turtle as t 引入 turtle 库，取别名为 t
   C. 可以使用 from turtle import setup 引入 turtle 库
   D. 使用 import turtle 引入 turtle 库
2. turtle 库的运动控制函数是_____。
   A. pendown()　　　B. goto()　　　C. pencolor()　　　D. begin_fill()
3. turtle 库的进入绘制状态函数是_____。
   A. color()　　　　B. pendown()　　C. seth()　　　　D. right()
4. 关于 turtle 库的画笔控制函数，以下选项中描述正确的是_____。
   A. turtle.pendown() 的别名有 turtle.pu()，turtle.up()
   B. turtle.width() 和 turtle.pensize() 不是用来设置画笔尺寸的
   C. turtle.colormode() 的作用是给画笔设置颜色
   D. turtle.pendown() 的作用是落下画笔之后，移动画笔将绘制形状
5. turtle 库的开始颜色填充函数是_____。
   A. begin_fill()　　B. setheading()　C. seth()　　　　D. pensize()
6. 执行如下代码：

   import turtle as t
   t.circle(40)
   t.circle(60)
   t.circle(80)
   t.done()

   在 Python Turtle Graphics 中，绘制的是_____。
   A. 太极图　　　　B. 笛卡尔心形　　C. 同心圆　　　　D. 同切圆
7. 关于 turtle 库的形状绘制函数，以下选项中描述错误的是_____。
   A. turtle.fd(distance) 函数的作用是向小海龟当前行进方向前进 distance 距离
   B. 执行如下代码，绘制得到一个角度为 120°、半径为 180 像素的弧形
      import turtle
      turtle.circle(120,180)
   C. turtle.circle() 函数的定义为 turtle.circle(radius, extent=None, steps=None)
   D. turtle.seth(to_angle) 函数的作用是设置小海龟当前行进方向为 to_angle，to_angle 是角度的整数值
8. 执行如下代码：

   import turtle as t
   for i in range(4):
       t.fd(60)
       t.left(90)

   在 Python Turtle Graphics 中，绘制的是_____。
   A. 正方形　　　　B. 五角星　　　　C. 三角形　　　　D. 五边形
9. 执行如下代码：

   import turtle

```
turtle.circle(100)
turtle.circle(50,180)
turtle.circle(-50,180)
turtle.penup()
turtle.goto(0,140)
turtle.pendown()
turtle.circle(10)
turtle.penup()
turtle.goto(0,40)
turtle.pendown()
turtle.circle(10)
turtle.done()
```

在 Python Turtle Graphics 中,绘制的是_____。

A. 太极图　　　　B. 笛卡尔心形　　C. 同心圆　　　　D. 同切圆

二、填空题

1. 图形窗口的大小及初始位置可用_____函数设置。
2. 画布是绘图的区域,可用_____函数设置它的大小和背景色。
3. Turtle 绘图时默认采用小数形式的 RGB 参数,若想改用整数形式的参数时,可用_____函数进行切换。
4. Turtle 中用 circle()画圆时,半径为负,_____时针方向画圆,圆心在右侧 90 度位置。
5. Turtle 绘制复杂图形时,若要提高绘图速度、不需观看绘图过程,可用_____函数设置。

1.4 综合应用

一、程序填空题

1. 使用 turtle 库的 turtle.fd() 函数和 turtle.seth() 函数绘制一个边长为 200 的正方形,效果如下图所示。

```
import turtle
d = 0
#*********SPACE*********
for i in range(_____):
```

#*********SPACE*********
  turtle.fd(_____)
#*********SPACE*********
  d = _____
  turtle.seth(d)

2. 使用turtle库的turtle.fd()函数和turtle.left()函数绘制一个六边形,边长为200,效果如下图所示。

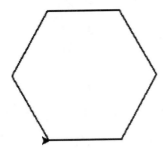

```
import turtle as t
#*********SPACE*********
for i in range(_____):
#*********SPACE*********
    t.fd(_____)
#*********SPACE*********
    t.left(_____)
```

3. 使用turtle库的turtle.fd()函数和turtle.right()函数绘制一个边长为200、黄底黑边的五角星。效果如下图。

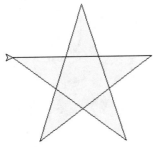

```
import turtle
#*********SPACE*********
turtle.color(____,____)
#*********SPACE*********
turtle._____
for i in range(5):
#*********SPACE*********
    turtle.fd(_____)
    turtle.right(144)
turtle.end_fill()
```

4. 使用 turtle 库的 turtle.circle() 函数、turtle.seth() 函数和 turtle.left() 函数绘制一个四瓣花图形，效果如下图所示。请结合程序整体框架，补充横线处代码，从左上角花瓣开始，逆时针作画。

```
import turtle
#*********SPACE*********
for i in range(_____):
#*********SPACE*********
    turtle.seth(_____)
    turtle.circle(200,90)
#*********SPACE*********
    turtle.seth(_____)
    turtle.circle(200,90)
```

二、编程题

1. 使用 turtle 库的 turtle.right() 函数和 turtle.fd() 函数绘制一个菱形四边形，边长为 200，效果如下图所示。

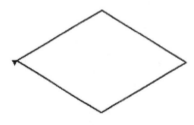

```
import turtle as t

#*********Program*********



#********* End *********
```

2. 使用 turtle 库的 turtle.right() 函数和 turtle.circle() 函数绘制一个四叶草，效果如下图所示。

```
import turtle

#*********Program*********



#********* End *********
```

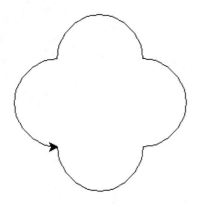

3. 使用 turtle 库的 turtle.right() 函数和 turtle.circle() 函数绘制一个红色的星星图形,如下图所示。

```
import turtle
turtle.color('red')
#*********Program*********



#********* End *********
```

第 2 章 数据类型与运算符

2.1 标识符及命名规则

一、单选题

1. 关于 Python 语言的注释，以下选项中描述错误的是_____。
   A. 有两种注释方式：单行注释和多行注释
   B. 多行注释以'''（三个单引号）开头和结尾
   C. 单行注释以单引号 ' 开头
   D. 单行注释以 # 开头

2. 关于 Python 注释，以下选项中描述错误的是_____。
   A. Python 注释语句不被解释器过滤掉，也不被执行
   B. 注释可以辅助程序调试
   C. 注释用于解释代码原理或者用途
   D. 注释可用于标明作者和版权信息

3. 关于 Python 程序格式框架，以下选项中描述错误的是_____。
   A. Python 语言不采用严格的"缩进"来表明程序的格式框架
   B. 分支、循环、函数等结构，能够通过缩进包含一组 Python 代码
   C. 单层缩进代码属于之前最邻近的一行非缩进代码，多层缩进代码根据缩进关系决定所属范围
   D. Python 语言的缩进可以采用 Tab 键实现

4. 在同一行上写多条 Python 语句时需要使用的符号是_____。
   A. 感叹号   B. 分号   C. 逗号   D. 冒号

5. 将一条长语句分成多行书写时会使用到续行符，Python 语言的续行符是_____。
   A. 分号   B. /   C. \   D. #

6. 以下选项变量名中，符合 Python 语言命名规则的是_____。
   A. Templist   B. （VR）   C. 5_1   D. ！1

7. 以下选项中，不满足 Python 语言命名规则的是_____。
   A. MyGod5   B. 5MyGod   C. MyGod   D. _MyGod_

8. 以下选项中，不属于 Python 关键字的是_____。
   A. def   B. import   C. type   D. elif

9. 以下选项中，不是 Python 语言关键字的是_____。
   A. try   B. del   C. int   D. None

10. 以下选项中可用作 Python 变量名的是_____。
    A. 3B9909   B. it's   C. import   D. TRUE

二、填空题

1. Python 可以在同一行中使用多条语句,语句之间使用_____分隔。
2. Python 中,如果语句太长需分行书写时,可以使用_____作为续行符。
3. Python 通过_____来区分不同的语句块。
4. Python 中,标识符必须以_____开头。
5. Python 中,标识符中的字母_____大小写。
6. 在 Python 中,有些特殊的标识符被用作特殊的用途,程序员在命名标识符时,不能与这些标识符同名,这类标识符称为_____。

2.2 基本数据类型

一、单选题

1. 下列选项中,不是 Python 支持的数据类型有_____。
   A. char B. int C. float D. bool
2. 关于 Python 的浮点数类型(float),以下选项中描述错误的是_____。
   A. 浮点数类型与数学中实数的概念一致,表示带有小数的数
   B. sys.float_info 可以详细列出 Python 解释器所运行系统的浮点数各项参数
   C. Python 语言的浮点数可以不带小数部分
   D. 浮点数有两种表示方法:小数形式和指数形式
3. 基本的 Python 内置函数 type(x)的作用是_____。
   A. 对组合数据类型 x 返回求和结果
   B. 返回数据对象 x 的数据类型
   C. 将 x 转换为等值的字符串类型
   D. 对组合数据类型 x 进行排序,默认从小到大
4. 已知 x = 56.34,则 type(x)结果是_____。
   A. <class ' complex'> B. <class ' bool'>
   C. <class ' float'> D. <class ' real'>
5. 下列选项中,可以获取 Python 整数类型帮助信息的是_____。
   A. >>> help(int) B. >>> dir(str)
   C. >>> help(float) D. >>> dir(int)
6. 如果一个表达式中同时包含整数和浮点数,Python 类型转换的规则是_____。
   A. 浮点数转换为整数 B. 整数转换为浮点数
   C. 浮点数和整数转换为字符串 D. 整数转换为字符串
7. 5/3+5//3 的结果是_____。
   A. 2.666666666666667 B. 14
   C. 5.4 D. 3.333333
8. 如果整型变量 x 表示一个两位数,要将这个两位数的个位数字和十位数字交换位置,例如,53 变成 35,能实现该功能的正确 Python 表达式是_____。
   A. (x%10)*10+x//10 B. (x%10)//10+x//10
   C. (x/10)%10+x//10 D. (x%10)*10+x%10

9. 在 Python 表达式中,使用_____可以控制运算的优先顺序。
   A. 圆括号()　　　　B. 方括号[]　　　　C. 花括号{}　　　　D. 尖括号<>
10. 执行如下代码,屏幕输出结果是_____。
    x=10
    y=3
    print(x%y,x**y)
    A. 1 1000　　　　B. 3 30　　　　C. 1 30　　　　D. 3 1000
11. 执行如下代码,屏幕输出结果是_____。
    x=10
    y=4
    print(x/y,x//y)
    A. 2 2.5　　　　B. 2.5 2.5　　　　C. 2 2　　　　D. 2.5 2
12. 下面代码的输出结果是_____。
    x=10
    y=3
    print(divmod(x,y))
    A. (3,1)　　　　B. 1,3　　　　C. 3,1　　　　D. (1,3)
13. 执行以下代码,屏幕输出的结果是_____。
    x=3.1415926
    print(round(x,2),round(x))
    A. 3.14 3　　　　B. 6.28 3　　　　C. 2 2　　　　D. 3 3.14
14. 执行以下代码,屏幕的输出结果是_____。
    print(pow(2,10))
    A. 12　　　　B. 1024　　　　C. 100　　　　D. 20
15. 执行以下代码,屏幕的输出结果是_____。
    a = 5
    b = 6
    c = 7
    print(pow(b,2)-4*a*c)
    A. 104　　　　B. 系统报错　　　　C. 36　　　　D. -104
16. 执行以下代码,屏幕的输出结果是_____。
    x=10
    y=-1+2j
    print(x+y)
    A. 9+2j　　　　B. (9,2j)　　　　C. (9+2j)　　　　D. 9,2j
17. 执行以下代码,屏幕的执行结果是_____。
    a = 10.99
    print(complex(a))
    A. (10.99+j)　　　　B. 0.99　　　　C. (10.99)　　　　D. (10.99+0j)
18. 关于 Python 复数类型的说法中,以下选项描述错误的是_____。

A. 复数类型等同于数学中的复数
B. 对于复数 z,可以用 z.imag 获得实数部分
C. 对于复数 z,可以用 z.real 获得实数部分
D. 复数的虚数部分通过后缀"J"或"j"来表示

19. 执行以下代码,屏幕的输出结果是_____。

    z = 12.12 + 34j
    print(z.real)

    A. 12.12　　　　B. 34.0　　　　C. 12　　　　D. 34

20. 执行以下代码,屏幕的输出结果是_____。

    z = 12.34 + 34j
    print(z.imag)

    A. 12.12　　　　B. 34.0　　　　C. 12　　　　D. 34

21. 关于 Python 数值类型的说法中,以下选项描述错误的是_____。
    A. Python 语言提供 int、float、complex 等数值类型
    B. Python 语言中,复型中实部和虚部的数值都是浮点类型,复数的虚部通过后缀 "C"或者"c"来表示
    C. Python 语言要求所有浮点数必须带有小数部分
    D. Python 语言的整数类型提供了 4 种进制表示:二进制、八进制、十进制和十六进制

22. 关于 Python 语言的复数,下列说法错误的是_____。
    A. 表示复数的语法形式是 a+bj　　B. 实部和虚部都是浮点数
    C. 虚部必须加后缀 j,且必须是小写　D. 函数 abs() 可以求复数的模

23. 下列数学函数中,属于 math 库的是_____。
    A. time()　　　　　　　　　　B. round()
    C. sqrt()　　　　　　　　　　D. random()

24. 基本的 Python 内置函数 int(x) 的作用是_____。
    A. 计算变量 x 的长度　　　　　B. 返回给定参数列表元素的最大值
    C. 创建或将变量 x 转换成一个列表类型　D. 返回 X 值的整数部分

25. Python 内置函数 sum(x) 的作用是_____。
    A. 对组合数据类型 x 计算求和结果　B. 返回变量 x 的数据类型
    C. 将 x 转换为等值的字符串类型　　D. 对组合类型 x 进行排序,默认从小到大

26. Python 内置函数 bool(x) 的作用是_____。
    A. 返回数值变量 x 的绝对值
    B. 组合类型变量 x 中任一元素为真时返回 True,否则返回 False;若 x 为空,返回 False
    C. 组合类型变量 x 中所有元素都为真返回 True,否则返回 False;若 x 为空,返回 True
    D. 将 x 转换为 Boolean 类型,即 True 或 False

27. 执行以下代码,屏幕的输出结果是_____。

    >>> True / False

A. True　　　　B. 系统报错　　　C. 0　　　　　D. -1

28. 执行以下代码,屏幕的输出结果是_____。

    >>> True - False

    A. 1　　　　　B. True　　　　C. 0　　　　　D. -1

29. 以下关于 Python 内置函数的描述,错误的是_____。

    A. hash() 返回一个可计算哈希的类型的数据的哈希值

    B. type() 返回一个数据对应的类型

    C. sorted() 对一个序列类型数据进行排序

    D. id() 返回一个数据的一个编号,跟其在内存中的地址无关

二、填空题

1. Python 基本数值数据类型包括_____、_____和_____。
2. Python 组合数据类型有_____、_____、_____和集合。
3. 查看变量类型的 Python 内置函数是_____。
4. Python 表达式 12/4-2+5*8/4%5/2 的值为_____。
5. 在 Python 中,除法运算符是_____,整除运算符是_____。
6. Python 表达式 4.5/2 的值为_____,4.5//2 的值为_____,4.5%2 的值为_____。
7. Python 表达式 1/4+2.75 的值为_____。
8. 表达式 abs(3+4j) 的值为_____。
9. 在 Python 中_____表示空类型。
10. 表达式 int('123', 8) 的值为_____。

2.3　赋值语句

一、单选题

1. 在 Python 语言中,以下赋值语句正确的是_____。

   A. x+y=10　　B. x=2y　　C. x=y=30　　D. 3y=x+1

2. 关于 Python 赋值语句,以下选项中写法错误的是_____。

   A. x,y=y,x　　B. x=1;y=1　　C. x=(y=1)　　D. x=y=1

3. 为了给整型变量 x、y、z 赋初值 10,以下 Python 赋值语句正确的是_____。

   A. x,y,z=10

   B. x=10 y=10 z=10

   C. x=y=z=10

   D. x=10,y=10,z=10

4. 下列语句中在 Python 中非法的是_____。

   A. x=y=z=1　　B. x=(y=z+1)　　C. x,y=y,x　　D. x+=y

5. 在 Python 语言中,用于获取用户输入数据的函数是_____。

   A. get()　　　B. print()　　　C. input()　　　D. eval()

6. 执行语句 x=input() 时,如果从键盘输入 12 并按回车键,则 x 得到的值为_____。

   A. 12　　　　B. 12.0　　　　C. 1e2　　　　D. '12'

7. Python 内置函数 eval(x) 的作用是_____。

   A. 将 x 转换成浮点数

B. 去掉字符串 x 最外侧引号,当作 Python 表达式评估返回其值

C. 计算字符串 x 作为 Python 语句的值

D. 将整数 x 转换为十六进制字符串

8. 执行语句 x,y=eval(input())时,以下输入数据时格式错误的是_____。
   A. 3 4　　　　B. (3,4)　　　　C. 3,4　　　　D. [3,4]

9. 执行语句 eval('2+4/5')后,屏幕的输出结果是_____。
   A. 2.8　　　　B. 2　　　　　　C. 2+4/5　　　D. '2+4/5'

10. 执行以下代码:
    >>> x = 3.14
    >>> eval('x + 10')
    屏幕的输出结果是_____。
    A. 系统报错　　　　　　　　　B. TypeError:must be str,not int
    C. 3.1410　　　　　　　　　　D. 13.14

11. 关于赋值语句的说法中,以下选项描述错误的是_____。
    A. 在 Python 语言中,"="表示赋值,即将"="右侧的计算结果赋值给左侧变量,包含"="的语句称为赋值语句
    B. 设 a=10;b=20,执行"a,b=a,a+b;print(a,b)" 和 "a=b;b=a+b;print(a,b)"之后,得到同样的输出结果;10 30
    C. 设 x="alice";y="kate",执行"x,y=y,x"可以实现变量 x 和 y 值的互换
    D. 在 Python 语言中,有一种赋值语句,可以同时给多个变量赋值

12. 下面代码的输出结果是_____。
    x = 1
    x *= 3+5**2
    print(x)
    A. 28　　　　B. 14　　　　　C. 13　　　　　D. 29

13. 已知 x=2,执行语句 x*=x+1 后,x 的值是_____。
    A. 2　　　　　B. 3　　　　　　C. 5　　　　　　D. 6

二、填空题

1. 在 Python 语言中,赋值的含义是使变量_____一个数据对象,该变量是该数据对象的_____。

2. 已知 x = 3,那么执行语句 x += 6 之后,x 的值为_____。

3. 在 Python 语言中,除了形如"x=2"这种简单的赋值外,还有_____赋值、复合赋值和_____等赋值方式。其中_____赋值可以实现为多个变量同时赋相同的值,而_____赋值可以实现为多个变量分别赋不同的值。

4. 和 x/=x*y+z 等价的语句是_____。

5. 下列 Python 语句的执行结果是_____。
   a,b=3,4
   a,b=b,a
   print(a,b)

6. Python 中_____函数可以从键盘上获取用户输入的数据,且该函数会把用户输入

的所有数据都以_____类型返回。

2.4 输入输出语句

一、单选题

1. 下面代码的语法错误显示是_____。

   　　print "Hello World!"

   A. NameError：name ' raw_print' is not defined

   B. ＜built－in function print＞＜o:p＞＜/o:p＞

   C. SyntaxError：invalid character in identifier

   D. SyntaxError：Missing parentheses in call to ' print'

2. 下面代码的输出结果是_____。

   　　＞＞＞a＝b＝c＝123

   　　＞＞＞print(a,b,c)

   A. 0 0 123　　　　B. 出错　　　　C. 123 123 123　　D. 123，123，123

3. 以下代码执行后输出的结果为_____。

   　　＞＞＞a＝float("inf")

   　　＞＞＞b＝a＋1

   　　＞＞＞print(a＝＝b,b－a,b＞a)

   A. False 1 True

   B. False 1 False

   C. True nan False

   D. False nan True

4. 下面代码运行后，屏幕输出的是_____。

   　　a＝0b10

   　　b＝0e10

   　　c＝0x10

   　　print(a＞b,a＞c)

   A. True True　　　　　　　　　　B. False False

   C. True False　　　　　　　　　　D. False True

5. 下面代码运行后，屏幕输出的是_____。

   　　a＝10

   　　b＝10

   　　print(eval("a＋＝b"))

   A. None　　　　　　　　　　　　B. 10

   C. 20　　　　　　　　　　　　　D. SyntaxError：invalid syntax

二、填空题

1. 在Python语言中，_____函数可以把数据输出到Python解释器的交互窗口中，该函数可以一次输出若干项，且该函数输完所有输出项后，默认情况下会输出一个_____符号。

2. 语句 print(' AAA',"BBB",sep='－',end='!')执行的结果是_____。
3. Python 3.8 语句 print(1,2,3,sep=';') 的输出结果为_____。
4. 代码 print("{:=^20.4f}".format(3.1415926))执行后的结果是_____。
5. 假如从键盘输入一组数据"3,4,5",现在要求分别赋值给 x、y、z。请补充以下语句：
   x,y,z=_____。

2.5 综合应用

一、程序改错题

输入 3 门课程的考试成绩,求 3 门课程考试成绩的总分、平均值以及最高分和最低分。如果 3 门课程考试成绩分别以权重 0.5、0.3、0.2 计入总评成绩,求最终总评成绩是多少。

```
from math import *
a=eval(input("语文成绩"))
b=eval(input("数学成绩"))
c=eval(input("英语成绩"))
#**********ERROR**********
s=math.fsum(a,b,c)
avg=s/3
big=max(a,b,c)
small=min(a,b,c)
#**********ERROR**********
zcj=0.5a+0.3b+0.2c
print("总分为{},平均值为{},最高分为{},最低分为{},总评成绩为{}".format(s,avg,big,small,zcj))
```

二、程序填空题

1. 编写一个 Python 程序,输入两个数,输出两数之和。运行效果如下所示：

   Please enter first integer：23
   Please enter second integer：45
   The sum is:68

   代码如下：

   ```
   x = _____
   y = _____
   print("The sum is:",end="")
   print(_____);
   ```

2. 编写程序,计算汽车的平均油耗。假设一个司机想计算他的汽车每百千米的平均油耗,这个司机在第一次加油时,观察车子已经形式的总里程为 23352 千米,改司机加满油箱后,在第二次加油时,观察车子形式的总里程为 23690 千米,第二次加满又像是,显示加了 24 升汽油,请编程计算改汽车每百千米的平均油耗。运行效果如下所示：

起始里程数:23352

最终里程数:23690

请输入加油数:24

汽车平均油耗为: 7.100591715976331

代码如下:

```
start=int(input("起始里程数:"))
last=int(input("最终里程数:"))
s=_____
oil=int(input("请输入加油数:"))
avg=_____
print("汽车平均油耗为:",avg)
```

3. 编写程序,实现一个三位数的反序输出。从键盘上输入一个三位数,对输入的三位数进行处理和变换,输出这个三位数的反序数,运行效果如下所示:

请输入一个三位数:123

这个三位数的反序数为:321

代码如下:

```
n=int(input("请输入一个三位数:"))
g=n%10
s=_____
b=n//100
m=_____
print("这个三位数的反序数为:",m)
```

三、编程题

1. 仅使用 Python 基本语法,即不使用任何模块,编写 Python 程序计算下列数学表达式的结果并输出,要求输出结果小数点后保留 3 位小数。

$$x=\sqrt{\frac{(3^4+5\times 6^7)}{8}}$$

输出示例:

　　　　　　123.456　　（不是此题正确结果）

```
# ********** Program **********


# **********  End  **********
```

2. 输入两个点的坐标(x1,y1)和(x2,y2),输出两点之间的距离 dist,结果保留两位小数。

```
# ********** Program **********


# **********  End  **********
```

3. 从键盘输入一个正整数 x 代表分钟数,将其转换成用小时 h 和分钟 m 表示,然后输出成几小时几分。
   要求:输出语句,格式为:?? 小时?? 分钟
   例如:
   　　　　输入:
   　　　　　　70　(x=70)
   　　　输出:
   　　　　　　1 小时 10 分钟

   x = int(input("【请输入分钟数值:】"))
   # ********** Program **********

   # **********　End　**********

第 3 章　Python 流程控制

3.1　顺序结构

一、单选题

1. 以下不属于程序基本控制结构的是_____。
   A. 顺序结构　　　B. 循环结构　　　C. 选择结构　　　D. 任意结构
2. 下面代码的输出结果是_____。
   ```
   a = 4
   a ^= 3
   b = a ^ 2
   print(a,end=",")
   print(b)
   ```
   A. 7,5　　　　　　B. 4,3　　　　　　C. 5,7　　　　　　D. 64,4096
3. 以下选项中,不属于 IPO 模式一部分的是_____。
   A. Program（程序）　　　　　　　B. Process（处理）
   C. Output（输出）　　　　　　　　D. Input（输入）
4. 以下选项中,不是 Python 语言基本控制结构的是_____。
   A. 程序异常　　　B. 循环结构　　　C. 跳转结构　　　D. 顺序结构
5. 以下语句执行后 a、b、c 的值是_____。
   ```
   a = "watermelon"
   b = "strawberry"
   c = "cherry"
   if a > b:
       c = a
       a = b
       b = c
   ```
   A. watermelon strawberry cherry　　　B. watermelon cherry strawberry
   C. strawberry cherry watermelon　　　D. strawberry watermelon watermelon

二、填空题

1. 在 Python 中_____表示空类型。
2. 查看变量内存地址的 Python 内置函数是_____。
3. 表达式 isinstance(' Hello world', str) 的值为_____。
4. 表达式 isinstance(4j, (int, float, complex)) 的值为_____。

3.2 选择结构

一、单选题

1. 以下选项中描述正确的是_____。
   A. 条件 35<=45<75 是合法的,且输出为 False
   B. 条件 24<=28<25 是合法的,且输出为 True
   C. 条件 24<=28<25 是不合法的
   D. 条件 24<=28<25 是合法的,且输出为 False

2. 数学关系式 2<x<=10 表示成正确的 Python 表达式为_____。
   A. 2<x and <=10   B. 2<x and x<=10
   C. 2<x && x<=10   D. x>2 or x<=10

3. 下面代码的输出结果是_____。
   print(round(0.1 + 0.2,1) == 0.3)
   A. True   B. 1   C. 0   D. False

4. 下面代码的输出结果是_____。
   print(0.1+0.2==0.3)
   A. True   B. false   C. true   D. False

5. 下列表达式的值为 True 的是_____。
   A. 2!=5 or 0   B. 3>2>2
   C. 5+4j>2-3j   D. 'abc'>'xyz'

6. 下面 if 语句统计满足"性别(gender)为男、职称(duty)为副教授、年龄(age)小于 40 岁"条件的人数,正确的语句为_____。
   A. if(gender=="男" or age<40 and duty=="副教授"):n+=1
   B. if(gender=="男" and age<40 and duty=="副教授"):n+=1
   C. if(gender=="男" and age<40 or duty=="副教授"):n+=1
   D. if(gender=="男" or age<40 or duty=="副教授"):n+=1

7. 下面 if 语句统计"成绩(mark)优秀的男生以及不及格的男生"的人数,正确的语句为_____。
   A. if(gender=="男" and mark<60 or mark>=90):n+=1
   B. if(gender=="男" and mark<60 and mark>=90):n+=1
   C. if(gender=="男" and (mark<60 or mark>=90)):n+=1
   D. if(gender=="男" or (mark<60 or mark>=90)):n+=1

8. 关于 Python 的分支结构,以下选项中描述错误的是_____。
   A. 分支结构可以向已经执行过的语句部分跳转
   B. Python 中 if-elif-else 语句描述多分支结构
   C. Python 中 if-else 语句用来形成二分支结构
   D. 分支结构使用 if 保留字

9. 在 Python 中,实现多分支选择结构的最佳方法是_____。
   A. if   B. if-else   C. if-elif-else   D. if 嵌套

10. 下面程序段求 x 和 y 中的较大数,不正确的是_____。
    A. maxNum=x if x>y else y
    B. maxNum=max(x,y)
    C. if(x>y):maxNum=x
       else:maxNum=y
    D. if(y>=x):maxNum=y
       maxNum=x
11. 下面代码的输出结果是_____。
    a=1.0
    if isinstance(a,int):
        print("{} is int".format(a))
    else:
        print("{} is not int".format(a))
    A. 1.0 is not int   B. 1.0 is int
    C. 无输出   D. 出错
12. 执行下列 Python 语句后的显示结果是_____。
    x=2
    y=2.0
    if(x==y):print("Equal")
    else:print("Not Equal")
    A. Equal   B. Not Equal   C. 编译错误   D. 运行时错误
13. 下列语句执行后的输出是_____。
    if 2:
        print(5)
    else:
        print(6)
    A. 0   B. 2   C. 5   D. 6
14. 执行下列 Python 语句后的显示结果是_____。
    i=1
    if(i):print(True)
    else:print(False)
    A. 输出 1   B. 输出 True   C. 输出 False   D. 输出 0

二、填空题
1. 对于 if 语句的条件表达式后面或 else 后面的语句块,应将它们_____。
2. 判断整数 i 能否同时被 3 和 5 整除的 Python 表达式为_____。
3. 表达式 1<2<3 的值为_____。
4. 已知 a=3,b=5,c=6,d=True,则表达式 not d or a>=0 and a+c>b+3 的值为_____。
5. Python 表达式 16-2*5>7*8/2 or "XYZ"!="xyz" and not(10-6>18/2)的值为_____。

6. 表达式 2<=1 and 0 or not 0 的值是_____。
7. 表达式 3 or 5 的值为_____。
8. 表达式 0 or 5 的值为_____。
9. 表达式 not 3 的值为_____。
10. 下列 Python 语句的运行结果是_____。
    x=0
    y=True
    print(x>y and ' A'<' B')
11. 下列 Python 语句的运行结果是_____。
    x=True
    y=False
    z=False
    print(x or y and z)
12. 已知 ans=' n',则表达式 ans==' y' or ' Y'的值为_____。
13. 当 x=0,y=50 时,语句 z=x if x==y else y 执行后,z 的值是_____。
14. 表达式 5 if 5>6 else (6 if 3>2 else 5) 的值为_____。
15. 以下代码运行后,c 的值为_____。
    a=10
    b=20
    c=10+a if a>b else b

3.3 循环结构

一、单选题

1. 基本的 Python 内置函数 range(a,b,s)的作用是_____。
   A. 返回组合类型的逆序迭代形式
   B. 返回 a 的四舍五入值,b 表示保留小数的位数
   C. 返回 a 的 b 次幂
   D. 产生一个整数序列,从 a 到 b(不含)以 s 为步长
2. 给出如下代码:
    sum = 0
    for i in range(1,11):
        sum += i
        print(sum)

   以下选项中描述正确的是_____。
   A. 循环内语句块执行了 11 次
   B. sum += i 可以写为 sum + = i
   C. 输出的最后一个数字是 55
   D. 如果 print(sum) 语句完全左对齐,输出结果不变

3. 以下 for 语句中,不能完成 1～10 的累加功能的是_____。
   A. for i in range(10,0):sum+=i
   B. for i in range(1,11):sum+=i
   C. for i in range(10,0,-1):sum+=i
   D. for i in (10,9,8,7,6,5,4,3,2,1):sum+=i

4. 下面代码的输出结果是_____。
   ```
   for i in "Python":
       print(i,end=" ")
   ```
   A. P y t h o n   B. P,y,t,h,o,n,
   C. P   y   t   h   o   n   D. Python

5. 下面代码的输出结果是_____。
   ```
   x2 = 1
   for i in range(4,0,-1):
       x1 = (x2 + 1) * 2
       x2 = x1
   print(x1)
   ```
   A. 46   B. 23   C. 190   D. 94

6. 下面代码的输出结果是_____。
   ```
   for i in range(1,10,2):
       print(i,end=",")
   ```
   A. 1,3,5,7,9,   B. 1,4,7,   C. 1,4,   D. 1,3,

7. 给出下面代码:
   ```
   age=23
   start=2
   if age%2!=0:
       start=1
   for x in range(start,age+2,2):
       print(x)
   ```
   上述程序输出值的个数是_____。
   A. 10   B. 16   C. 14   D. 12

8. 下面代码的输出结果是_____。
   ```
   sum = 0
   for i in range(2,101):
       if i % 2 == 0:
           sum += i
       else:
           sum -= i
   print(sum)
   ```
   A. 51   B. -50   C. 49   D. 50

9. 关于 Python 遍历循环,以下选项中描述错误的是_____。
   A. 遍历循环通过 for 实现
   B. while 循环无法实现遍历循环的功能
   C. 遍历循环可以理解为从遍历结构中逐一提取元素,放在循环变量中,对于所提取的每个元素只执行一次语句块
   D. 遍历循环中的遍历结构可以是字符串、文件、组合数据类型和 range()函数等
10. 下列循环语句中有语法错误的是_____。
    A. while(x==y):5   B. while(0):pass
    C. for i in [1,2,3]:print(i)   D. for True:x=30
11. 下面 Python 循环体执行的次数与其他不同的是_____。
    A. i=0
       while(i<=10):
           print(i)
           i=i+1
    B. i=10
       while(i>0):
           print(i)
           i=i-1
    C. for i in range(10):
           print(i)
    D. for i in range(10,0,-1):
           print(i)
12. 下面代码的输出结果是_____。
    s = 0
    while(s<=1):
        print('计数:',s)
        s = s + 1
    A. 计数:0   B. 计数:0   C. 计数:1   D. 出错
       计数:1
13. 设有程序段:
    k=10
    while(k):
        k=k-1
    则下面描述中正确的是_____。
    A. while 循环执行 10 次   B. 循环是无限循环
    C. 循环体语句一次也不执行   D. 循环体语句执行一次
14. 下列关于 break 语句与 continue 语句的说法中,不正确的是_____。
    A. 当多个循环语句嵌套时,break 语句只适用于最里层的语句
    B. break 语句结束循环,继续执行循环语句的后续语句
    C. continue 语句结束循环,继续执行循环语句的后续语句
    D. continue 语句类似于 break 语句,也必须在 for、while 循环中使用
15. 下面代码的输出结果是_____。
    for a in 'mirror':
        print(a, end="")
        if a == 'r':
            break

A. mir　　　　　　B. mirror　　　　　C. mi　　　　　　D. mirro

16. 下面代码的输出结果是_____。

```
for i in range(1,6):
    if i%3 == 0:
        break
    else:
        print(i,end=",")
```

A. 1,2,　　　　　　　　　　　　　　B. 1,2,3,4,5,6
C. 1,2,3,4,5,　　　　　　　　　　　D. 1,2,3,

17. 下面代码的输出结果是_____。

```
for num in range(2,10):
    for i in range(2,num):
        if (num % i) == 0:
            break
    else:
        print(num,end=",")
```

A. 2,4,6,8,10,　　B. 4,6,8,9,　　C. 2,3,5,7,　　D. 2,4,6,8,

18. 下面代码的输出结果是_____。

```
for s in "HelloWorld":
    if s=="W":
        continue
    print(s,end="")
```

A. Helloorld　　B. HelloWorld　　C. World　　D. Hello

19. 给出下面代码：

```
for i in range(1,10):
    for j in range(1,i+1):
        print("{}*{}={}\t".format(j,i,i*j),end='')
    print("")
```

以下选项中描述错误的是_____。

A. 执行代码,输出九九乘法表
B. 外层循环 i 用于控制一共打印 9 行
C. 执行代码出错
D. 也可使用 While 嵌套循环实现打印九九乘法表

20. 给出下面代码：

```
i = 1
while i < 6:
    j = 0
    while j < i:
        print("*",end='')
        j += 1
```

```
            print()
            i += 1
```
以下选项中描述错误的是_____。

A. 执行代码出错

B. 内层循环 j 用于控制每行打印的 * 的个数

C. 第 i 行有 i 个星号 *

D. 输出 5 行

21. 给出如下代码：
```
    import random
    num = random.randint(1,10)
    while True:
        guess = input()
        i = int(guess)
        if i == num:
            print("你猜对了")
            break
        elif i < num:
            print("小了")
        elif i > num:
            print("大了")
```
以下选项中描述错误的是_____。

A. random.randint(1,10) 生成[1,10]之间的整数

B. "while True:" 创建了一个永远执行的 While 循环

C. "import random" 这行代码是可以省略的

D. 这段代码实现了简单的猜数字游戏

22. 给出如下代码：
```
    while True:
        guess = eval(input())
        if guess == 0x452//2:
            break
```
作为输入能够结束程序运行的是_____。

A. 553　　　　B. 0x452　　　　C. "0x452//2"　　　　D. break

二、填空题

1. 执行循环语句 for i in range(1,5):pass 后，变量 i 的值是_____。

2. 执行循环语句 for i in range(1,5,2):print(i)，循环体执行的次数是_____。

3. 循环语句 for i in range(−3,21,4) 的循环次数为_____。

4. 下列 Python 语句的运行结果为_____。

    for i in range(3):print(i,end='')

    for i in range(2,5):print(i,end='')

5. 执行下列 Python 语句后的输出结果是_____，循环执行了_____次。

```
i=-1
while(i<0):i*=i
print(i)
```

6. 以下 while 循环的循环次数是_____。
```
i=0
while(i<10):
    if(i<1):continue
    if(i==5):break
    i+=1
```

7. 执行下面程序段后,k 值是_____。
```
k=1
n=263
while(n):
    k*=n%10
    n//=10
```

8. Python 无穷循环 while True:的循环体中可用_____语句退出循环。

9. 在循环语句中,_____语句的作用是提前进入下一次循环。

10. 对于带有 else 子句的 for 循环和 while 循环,当循环因循环条件不成立而自然结束时_____（填"会"或"不会"）执行 else 中的代码。

3.4 异常及其处理

一、单选题

1. 关于程序的异常处理,以下选项中描述错误的是_____。
   A. Python 通过 try、except 等保留字提供异常处理功能
   B. 编程语言中的异常和错误是完全相同的概念
   C. 异常语句可以与 else 和 finally 保留字配合使用
   D. 程序异常发生后经过妥善处理可以继续执行

2. 下列 Python 保留字中,用于异常处理结构中用来捕获特定类型异常的是_____。
   A. def   B. pass   C. while   D. except

3. 下列程序的输出结果是_____。
```
try:
    x=1/2
except ZeroDivisionError:
    print('AAA')
```
   A. 0   B. 0.5   C. AAA   D. 无输出

4. 如果以负数作为平方根函数 math.sqrt()的参数,将产生_____。
   A. 死循环
   B. 得数
   C. ValueError 异常
   D. finally

5. 以下关于异常处理 try 语句块的说法,不正确的是_____。
   A. finally 语句中的代码段始终要被执行
   B. 一个 try 块后接一个或多个 except 块
   C. 一个 try 块后接一个或多个 finally 块
   D. try 必须与 except 或 finally 块一起使用
6. Python 异常处理中不会用到的关键字是_____。
   A. try　　　　　　B. finally　　　　　C. if　　　　　　D. else
7. 下列关于 Python 异常处理的描述中,不正确的是_____。
   A. 异常处理可以通过 try-except 语句实现
   B. 任何需要检测的语句必须在 try 语句块中执行,并由 except 语句处理异常
   C. raise 语句引发异常后,它后面的语句不再执行
   D. except 语句处理异常最多有两个分支
8. 执行以下程序,若输入 a,则输出结果是_____。
   ```
   s = "Python"
   try:
       n = eval(input("请输入整数："))
       print(s * n)
   except:
       print("请输入整数")
   ```
   A. Python　　　　B. Python * a　　　C. 请输入整数　　D. Python * n
9. 执行以下程序,当输入 5 时,输出结果是_____。
   ```
   try:
       n = 0
       n = input("请输入一个整数：")
       print(n * n)
   except:
       print("程序执行错误")
   ```
   A. 25
   C. 程序执行错误
   B. 0
   D. 程序没有任何输出
10. 用户输入整数的时候不合规导致程序出错,为了不让程序异常中断,需要用到的语句是：
    A. if 语句　　　B. eval 语句　　　C. 循环语句　　　D. try-except 语句

二、填空题
1. Python 提供了_____机制来专门处理程序运行时错误,相应的语句是_____。
2. 在 Python 中,如果异常并未被处理或捕捉,程序就会用_____错误信息终止程序的执行。
3. Python 提供了一些异常类,所有异常都是_____类的成员。
4. 异常处理程序将可能发生异常的语句块放在_____语句中,紧跟其后可放置若干个对应的_____语句。如果引发异常,则系统依次检查各个_____语句,试图找到与所发生异常相匹配的_____。

5. 下列程序的输出结果是_____。

    try：
        print(2/' 0')
    except ZeroDivisionError：
        print(' AAA')
    except Exception：
        print(' BBB')

3.5 标准库的使用

一、单选题

1. 如果当前时间是 2018 年 5 月 1 日 10 点 10 分 9 秒，则下面代码的输出结果是_____。

    import time
    print(time.strftime("%Y=%m-%d@%H>%M>%S", time.gmtime()))

    A. 2018=05-01@10>10>09　　　　B. 2018=5-1 10>10>9
    C. True@True　　　　　　　　　D. 2018=5-1@10>10>9

2. 执行如下代码：

    import time
    print(time.time())

   以下选项中描述错误的是_____。

    A. time 库是 Python 的标准库
    B. 可使用 time.ctime()，显示为更可读的形式
    C. time.sleep(5) 推迟调用线程的运行，单位为毫秒
    D. 输出自 1970 年 1 月 1 日 00:00:00 AM 以来的秒数

3. 给出如下代码

    import random
    num = random.randint(1,10)
    while True：
        if num >= 9：
            break
        else：
            num = random.randint(1,10)

   以下选项中描述错误的是_____。
    A. 这段代码的功能是程序自动产生一个大于 8 的整数
    B. import random 代码是可以省略的
    C. while True：创建了一个永远执行的循环，必须通过 break 语句才能终止
    D. random.randint(1,10) 生成[1,10]之间的整数

4. 关于 time 库的描述，以下选项中错误的是_____。
    A. time 库提供获取系统时间并格式化输出功能
    B. time.sleep(s)的作用是休眠 s 秒

C. time.perf_counter()返回一个固定的时间计数值

D. time 库是 Python 中处理时间的标准库

5. 关于 random 库,以下选项中描述错误的是_____。

A. 设定相同种子,每次调用随机函数生成的随机数相同

B. 通过 from random import * 可以引入 random 随机库

C. 通过 import random 可以引入 random 随机库

D. 生成随机数之前必须要指定随机数种子

6. 以下程序的不可能输出结果是:_____。

  from random import *

  print(sample({1,2,3,4,5},2))

A. [5, 1]   B. [1, 2]   C. [4, 2]   D. [1, 2, 3]

7. 以下程序的输出结果是:_____。

  import time

  t = time.gmtime()

  print(time.strftime("%Y-%m-%d %H:%M:%S",t))

A. 系统当前的日期   B. 系统当前的时间

C. 系统出错   D. 系统当前的日期与时间

8. 以下关于随机运算函数库的描述,错误的是:_____。

A. random 库里提供的不同类型的随机数函数是基于 random.random() 函数扩展的

B. 伪随机数是计算机按一定算法产生的,可预见的数,所以是"伪"随机数

C. Python 内置的 random 库主要用于产生各种伪随机数序列

D. uniform(a,b) 产生一个 a 到 b 之间的随机整数

9. 以下关于 Python 内置库、标准库和第三方库的描述,正确的是:_____。

A. 第三方库需要单独安装才能使用

B. 内置库里的函数不需要 import 就可以调用

C. 第三方库有三种安装方式,最常用的是 pip 工具

D. 标准库跟第三方库发布方法不一样,是跟 python 安装包一起发布的

10. 生成一个[0.0, 1.0)之间的随机小数的函数是_____。

A. random.randint(0.0,1.0)   B. random.random()

C. random.randrange(0.0,1.0)   D. random.uniform(0.0,1.0)

11. random.uniform(a, b)的作用是_____。

A. 生成一个[a, b]之间的随机小数

B. 生成一个[a, b]之间以 1 为步数的随机整数

C. 生成一个[a,b]之间的随机整数

D. 生成一个[0.0, 1.0)之间的随机小数

12. 生成一个[10,99]之间的随机整数的函数是_____。

A. random.randint(10, 99)   B. random.random()

C. random.randrange(10,99,2)   D. random.uniform(10,99)

13. random 库的 seed(a) 函数的作用是_____。
    A. 生成一个[0.0，1.0)之间的随机小数
    B. 生成一个 k 比特长度的随机整数
    C. 生成一个随机整数
    D. 设置初始化随机数种子 a

14. random 库的 random.randrange(start，stop[，step])函数的作用是_____。
    A. 生成一个[start，stop)之间的随机小数
    B. 将序列类型中元素随机排列,返回打乱后的序列
    C. 生成一个[start，stop)之间以 step 为步数的随机整数
    D. 从序列类型(例如列表)中随机返回一个元素

15. random 库的 random.sample(pop，k)函数的作用是_____。
    A. 从 pop 类型中随机选取 k−1 个元素,以列表类型返回
    B. 从 pop 类型中随机选取 k 个元素,以列表类型返回
    C. 生成一个随机整数
    D. 随机返回一个元素

16. 以下程序不可能的输出结果是：
    ```
    from random import *
    x = [30,45,50,90]
    print(choice(x))
    ```
    A. 30   B. 45   C. 90   D. 55

二、填空题

1. Python 标准库 random 中的_____方法作用是从序列中随机选择 1 个元素。
2. Python 标准库 random 中的 sample(seq，k)方法作用是从序列中选择_____（重复? 不重复?）的 k 个元素。
3. random 模块中_____方法的作用是将列表中的元素随机乱序。
4. 设 Python 中有模块 m,如果希望导入 m 中的所有成员,则可以采用_____的导入形式。
5. 使用 math 库中的函数时,可以使用_____和_____这两种方式来实现 math 库的导入。
6. Python 提供了一个标准数学函数库 math 库,math 库不支持_____（整数/浮点数/复数)类型,其中_____函数可以用于求和,_____函数可以用于求两个数的最大公约数,_____函数可以返回一个数的整数部分,_____函数可以向上取整,_____函数可以向下取整。除了提供特殊功能的函数外,math 库还提供了一些数学常数,如_____表示圆周率,_____表示自然对数。

3.6 综合应用

一、程序改错题

1. 已知一个数列从第 1 项开始的前三项分别为 0、0、1,以后的各项都是其相邻的前三项之和。下列给定程序的功能是计算并输出该数列的前 n 项的平方根之和 sum。

请改正程序中的错误,使它能得出正确的结果。

例如:当n=10时,程序的输出结果应为23.197745。

```
import math
n = int(input("请输入该数列的项数n："))
sum=1.0
if(n<=2):
    sum=0.0
s0=0.0
s1=0.0
s2=1.0
#**********ERROR*********
for k in range(4,n):
    s=s0+s1+s2
    print(s)
#**********ERROR*********
    sum+=sqrt(s)
    s0=s1
    s1=s2
    s2=s
#**********ERROR*********
print("该数列的前{}项的平方根之和为：{:.6f}".format(n,s))
```

2. 产生三个在1~100之间的随机整数a、b、c,求a、b、c的最大公约数和最小公倍数。

```
from random import *
a=randint(1,100)
b=randint(1,100)
c=randint(1,100)
for i in range(min(a,b,c),0,-1):
    if a%i==0 and b%i==0 and c%i==0:
#**********ERROR*********
        continue
print("{},{},{}的最大公约数为{}".format(a,b,c,i))
n=1
while True:
    j=n*max(a,b,c)
#**********ERROR*********
    if j%a==0 or j%b==0 or j%c==0:
        break
    else:
        n=n+1
print("{},{},{}的最小公倍数为{}".format(a,b,c,j))
```

3. 从键盘输入三位的正整数,若数据合法则输出其中最小的一位数字。

```
nums="0123456789"
num =input("请输入一个三位正整数：")
for c in num:
    if c not in nums:
        print("数据非法!")
#*********ERROR*********
        continue
    else:
        num=eval(num)
        a = num//100
#*********ERROR*********
        b = num/10%10
        c = num%10
#*********ERROR*********
    if a<b<c:
        min_num = a
    elif b<a and b<c:
        min_num = b
    else:
        min_num = c
    print("{}中最小的数字是{}".format(num,min_num))
```

4. 斐波那契数列指的是这样一个数列：1,1,2,3,5,8,13,21,34,…。这个数列从第3项开始，每一项都等于前两项之和。请输出该数列的前 n 项，每行输出 5 个数。

```
n = int(input("输入数列项数："))
x1 = 1
x2 = 1
#*********ERROR*********
count = 0
print("{:>8}{:>8}".format(x1,x2), end="")
#*********ERROR*********
for i in range(3, n):
    x3 = x1+x2
    print("{:>8}".format(x3), end="")
    count+= 1
    if count % 5 == 0:
        print()
#*********ERROR*********
    x2, x3 = x1, x2
```

5. 利用"牛顿迭代法"求浮点数的平方根，误差小于 1×10^{-8} 的时候停止计算。

```
import math
x = float(input("输入一个正实数："))
#*********ERROR*********
```

```
n = 1
y = 1.0
#*********ERROR*********
while abs(y*y-x) < 1e-8:
    y = (y+x/y)/2
    n = n+1
print("迭代法{}次平方根为：{}".format(n,y))
print("math 库求平方根为：",end=" ")
#*********ERROR*********
print(sqrt(x))
```

6. 下面程序的功能是统计用户输入的非负数字序列中的最小值、最大值和平均值。用户输入非法数据时表示序列输入终止。

```
count = 0
#*********ERROR*********
total = 1
print("请输入一个非负整数，以-2 作为输入结束！")
num = int(input("输入数据："))
min = num
max = num
#*********ERROR*********
while(num = -2):
    count += 1
    total += num
    if num<min: min = num
    if num>max: max = num
    num = int(input("输入数据："))
#*********ERROR*********
if count==0:
    print("最小{}，最大{}，均值{:.2f}".format(min,max,total/count))
else:
    print("输入为空")
```

7. 以下程序的功能是打印"*"组成的图形，如下图所示：

```
    *
    **
    ***
    ****
    *****
    ****
    ***
    **
    *
```

```
    for m in range(1, 5+1):
#*********ERROR*********
        for i in range(1, m):
            print("*", end=' ')
        print()
#*********ERROR*********
    for m in range(1, 5+1):
        for i in range(1,5-m+1):
#*********ERROR*********
            print("*")
        print()
```

8. 无穷级数 $\frac{4}{1} - \frac{4}{3} + \frac{4}{5} - \frac{4}{7} + \cdots$ 的和是圆周率 π，下面程序计算出这一级数前 n 项的和。求出的圆周率 π 误差小于 10^{-6} 的时候停止计算，输出求得的圆周率 π 值是多少。

```
import math
#*********ERROR*********
PI = 3.14
i = 1
#*********ERROR*********
while abs(PI*4 - math.pi) = 1e-6:
    PI = PI+(-1)**(i+1)*(1/(2*i-1))
    i += 1
#*********ERROR*********
print("PI=", PI)
```

二、程序填空题

1. 输入某次考试的分数，分数大于或等于 90 的同学用 A 等级表示，60～89 分之间的用 B 等级表示，60 分以下的用 C 等级表示。

```
score = int(input('输入 1-100 之间的考试分数:'))
#*********SPACE*********
if score_____90:
    grade = 'A'

elif score > 59:
#*********SPACE*********
    grade =_____
#*********SPACE*********
_____
    grade = 'C'
#*********SPACE*********
print('考试分数是{}分，属于{}等级'.format(score, _____))
```

2. 根据斐波那契数列的定义,F(0)=0,F(1)=1, F(n)=F(n−1)+F(n−2)(n≥2),输出不大于 100 的序列元素。

```
a, b = 0, 1
#*********SPACE*********
while _____:
    print(a, end = ",")
#*********SPACE*********
    a, b =_____
```

3. 找出所有的水仙花数。水仙花数是指满足如下要求的三位数:该数等于每个数位上数字的 3 次幂之和(例如:$153=1^3+5^3+3^3$)。

```
#*********SPACE*********
for i in range(100,_____):
#*********SPACE*********
    b= i_____100
    s=i//10%10
    g=i%10
#*********SPACE*********
    if i_____b**3+s**3+g**3:
        print(i, end=" ")
```

4. 以下程序的功能是求 100~200 之内的素数。

```
import math
start, end=101, 200
count=0
print("素数分别为:")
for i in range(start, end+1):
#*********SPACE*********
    for j in range(_____, int(math.sqrt(i))+1):
#*********SPACE*********
        if(_____):
            break
    else:
        count=count+1
        print(i, end=" ")
print("")
print("素数总数为:%d 个" %count)
```

5. 以 123 为随机数种子,随机生成 10 个 [1,999] 闭区间的随机整数,以逗号分隔,打印输出。

```
import random
#*********SPACE*********
_____
```

```
#*********SPACE*********
    for i in range(_____):
#*********SPACE*********
        print(_____, end=", ")
```

6. 从键盘输入一个整数，赋值给变量 x，如 x 大于 0 且为偶数，则输出 x 平方根的值，否则输出 2x 的值，并要求平方根的值输出时保留两位小数。

```
    import math
    x = eval(input("请输入一个整数"))
#*********SPACE*********
    if _____:
#*********SPACE*********
        y = _____
#*********SPACE*********
        print("{}的平方根为{_____}".format(x,y))
    else:
        y = 2*x
        print("2 乘以{}为{}".format(x,y))
```

7. 输出公元 2000 年至公元 2060 年之间的所有闰年（含 2000 年和 2060 年）。用 year 表示年份，闰年的条件为：如果 year 是 4 的倍数且不是 100 的倍数，或者 year 是 400 的倍数，那么 year 为闰年。

```
#*********SPACE*********
    for year in _____:
#*********SPACE*********
        if_____or year%400==0:
#*********SPACE*********
            print("{}是闰年"_____)
```

8. 产生 10 到 20 之间（包含 10 和 20）的三个随机整数 a、b、c，求 a、b、c 的最小公倍数。

```
#*********SPACE*********
    _____
    a=randint(10,20)
    b=randint(10,20)
    c=randint(10,20)
    n=1
    while True:
        i=n*max(a,b,c)
        if i%a==0 and i%b==0 and i%c==0:
#*********SPACE*********
            _____
        else:
#*********SPACE*********
            _____
    print("{},{},{}的最小公倍数为{}".format(a,b,c,i))
```

9. 以下程序的功能是产生三个[30,50]范围内的随机整数,分别赋值给变量 a、b、c,输出 a、b、c 的最大公约数。

    #**********SPACE**********
    _____
    #**********SPACE**********
    a,b,c=[random.randint(_____) for i in range(3)]
    for i in range(min(a,b,c),0,-1):
        if a%i==0 and b%i==0 and c%i==0:
            break
    #**********SPACE**********
    print("{:3d}{:3d}{:3d}的最大公约数为{}".format(a,b,c,_____))

10. 输入正整数 n,求 n 以内能被 15 整除的最大正整数。

    #**********SPACE**********
    n=_____ (input("输入一个正整数"))
    for i in range(n,0,-1):
    #**********SPACE**********
        if _____:
            print("{}以内能被 15 整除的最大正整数是{}".format(n,i))
            break
    #**********SPACE**********
    _____:
        print("{}以内能被 15 整除的最大正整数不存在".format(n))

三、编程题

1. 编写程序,实现分段函数计算,如下表所示。

x	y
x<0	0
0<=x<5	x
5<=x<10	3x−5
10<=x<20	0.5x−2
20<=x	0

    # ********** Program **********

    # ********** End **********

2. 不考虑异常情况,编写程序从用户处获得一个浮点数输入,如果用户输入不符合,则要求用户再次输入,直至满足条件。打印输出这个输入。

    输出示例:
    3
    2
    1.3
    1.3

```
# ********** Program **********



# ********** End **********
```

3. 使用程序计算整数 N 到整数 N+100 之间所有奇数的数值和,不包含 N+100,并将结果输出。整数 N 由用户给出,代码片段如下,补全代码。不判断输入异常。
   输出示例:
   【请输入一个整数:】64
   5700

```
N = input("【请输入一个整数:】")
# ********** Program **********



# ********** End **********
print(s)
```

4. 用 While 循环语句求 1 到 n 之间(包括 n)能被 3 整除的所有整数之和。(n 值由用户输入)
   例如:运行程序后若输入 10,则输出 18。

```
print("【请分别三次计算问题:】")
for i in range(3):
    print("【第{}次:】".format(i+1))
    n = int(input("【请输入一个大于 1 的正整数 n:】"))
    # ********** Program **********



    # ********** End **********
    print("【1 到"+str(n)+"之间能被 3 整除的所有整数之和为:】",f)
```

5. 猴子第一天摘下若干个桃子,当即吃了一半,觉得不过瘾又多吃了一个,以后每天都吃掉前一天剩下桃子的一半加一个,到第 n 天时,就只剩下一个桃子了,求第一天共摘了多少个桃子。
   说明:正整数 n 为用户输入,其范围是 1<n<30。

```
print("请连续三次根据输入的正整数 n 求得第一天摘的桃子数:")
for repeat in range(3):
    print("第{}次:".format(repeat+1))
    n = int(input("请输入一个正整数 n:"))
    # ********** Program **********



    # ********** End **********
    print('第一天共摘了{}个桃子'.format(x))
```

6. 有一个四位数 abcd 与一个三位数 cdc 的差等于三位数 abc。编写程序打印出 abcd 这个数。

♯＊＊＊＊＊＊＊＊＊＊ Program ＊＊＊＊＊＊＊＊＊＊

　　　♯＊＊＊＊＊＊＊＊＊＊　End　＊＊＊＊＊＊＊＊＊＊

7. 请编写一个史上最佛系的程序,获得用户输入时无提示,获得用户输入后计算 100 除输入值,结果运算正常就输出结果,并退出,采用 try-except 结构使得程序永远不报错退出。

要求输入格式:

输入 n 行字符,第 n+1 行输入 100 的约数 a

要求输出格式:

输出 100/a 的结果

输入示例:

　　36

　　2.7777777777777777

　　　♯＊＊＊＊＊＊＊＊＊＊ Program ＊＊＊＊＊＊＊＊＊＊

　　　♯＊＊＊＊＊＊＊＊＊＊　End　＊＊＊＊＊＊＊＊＊＊

8. 无穷级数 $1-1/3+1/5-1/7+\cdots$ 的和是圆周率 $\pi/4$,请编写一个程序计算 π,计算到这一级数前 n 项。

参考运行结果:

　　请输入项数:1000

　　pi= 3.140592653839794

　　♯以下为代码框架

　　n = int(input("请输入项数:"))

　　pi=0

　　　♯＊＊＊＊＊＊＊＊＊＊ Program ＊＊＊＊＊＊＊＊＊＊

　　　♯＊＊＊＊＊＊＊＊＊＊　End　＊＊＊＊＊＊＊＊＊＊

9. 在 10～99 之间(包含 10 和 99)产生三个随机整数 a、b、c,求 a、b、c 的最大公约数和最小公倍数。

参考运行结果:

　　三个随机数为 52,40,32

　　最大公约数:　　4

　　最小公倍数:　2080

　　♯以下为代码框架

　　import random

　　　♯＊＊＊＊＊＊＊＊＊＊ Program ＊＊＊＊＊＊＊＊＊＊

\# ＊＊＊＊＊＊＊＊＊＊ End ＊＊＊＊＊＊＊＊＊＊
print("三个随机数为{},{},{}".format(a,b,c))
\# ＊＊＊＊＊＊＊＊＊＊ Program ＊＊＊＊＊＊＊＊＊＊

\# ＊＊＊＊＊＊＊＊＊＊ End ＊＊＊＊＊＊＊＊＊＊
  print("最小公倍数:{:>6.0f}".format(i))
  break

10. 编写程序,输入三角形三条边长(输入数据合法,即任意两边之和大于第三边),计算三角形的面积。

   计算三角形面积的海沦公式为:h＝(a＋b＋c)/2
   $$area=\sqrt{h(h-a)(h-b)(h-c)}$$

   参考运行结果:
     请输入三角形的边长 a:3
     请输入三角形的边长 b:4
     请输入三角形的边长 c:5
     三角形的面积为:6.0

   \# 以下为代码框架
   \# ＊＊＊＊＊＊＊＊＊＊ Program ＊＊＊＊＊＊＊＊＊＊

   \# ＊＊＊＊＊＊＊＊＊＊ End ＊＊＊＊＊＊＊＊＊＊
   a = float(input("请输入三角形边长 a:"))
   b = float(input("请输入三角形边长 b:"))
   c = float(input("请输入三角形边长 c:"))
   \# ＊＊＊＊＊＊＊＊＊＊ Program ＊＊＊＊＊＊＊＊＊＊

   \# ＊＊＊＊＊＊＊＊＊＊ End ＊＊＊＊＊＊＊＊＊＊

11. 利用 for 循环求 1～100 中所有奇数之和。

   参考运行结果:
     sum= 2500

   \# 以下为代码框架
   sum = 0
   \# ＊＊＊＊＊＊＊＊＊＊ Program ＊＊＊＊＊＊＊＊＊＊

   \# ＊＊＊＊＊＊＊＊＊＊ End ＊＊＊＊＊＊＊＊＊＊
   print("sum=", sum)

12. 用带 else 子句的循环结构实现程序功能,判断正整数 n 是否为素数。

   参考运行结果:
     输入一个正整数 n(n>=2):9

9 不是素数

#以下为代码框架
n = int(input("输入一个正整数 n(n>=2):"))
for i in range(2, n):
# ********** Program **********

********** End   **********

第4章 字符串

4.1 字符串及其基本运算

一、单选题

1. Python 为源文件指定系统默认字符编码的声明是_____。
   A. ♯coding:utf-8   B. ♯coding:cp936
   C. ♯coding:GBK   D. ♯coding:GB2312

2. 关于 Python 字符串,以下选项中描述错误的是_____。
   A. 字符串可以保存在变量中,也可以单独存在
   B. 字符串是一个字符序列,字符串中的编号叫"索引"
   C. 输出带有引号的字符串,可以使用转义字符\
   D. 可以使用 datatype() 测试字符串的类型

3. Python 内置函数 str(x) 的作用是_____。
   A. 对组合数据类型 x 计算求和结果
   B. 返回变量 x 的数据类型
   C. 将 x 转换为等值的字符串类型
   D. 对组合数据类型 x 进行排序,默认升序

4. 下列关于字符串的描述中,错误的是_____。
   A. 字符串 S 的首字符是 s[0]
   B. 在字符串中,同一个字母的大小写是等价的
   C. 字符串中的字符都是以某种二进制编码的方式进行存储和处理的
   D. 字符串也能进行关系比较操作

5. Python 输出语句 print(r"\nGood") 的运行结果是_____。
   A. 新行和字符串 Good   B. r"\nGood"
   C. \nGood   D. 字符 r、新行和字符串 Good

6. 有字符串赋值语句:s=' a\nb\tc',则 len(s) 的值是_____。
   A. 7   B. 6   C. 5   D. 4

7. 下面代码的输出结果是_____。
   ≫ a,b,c,d,e,f = ' Python'
   ≫ b
   A. ' y'   B. 出错   C. 1   D. 0

8. 以下选项中,输出结果为 False 的是_____。
   A. ≫ ' python123' > ' python'   B. ≫ ' ABCD' == ' abcd'.upper()
   C. ≫ ''< ' a'   D. ≫ ' python' < ' pypi'

9. 执行下列语句后的显示结果是_____。

world="word"

print("hello"+world)

A. helloword B. "hello"world C. hello world D. "hello"+world

10. 下面代码的执行结果是_____。

>>> x = "Happy Birthday to you!"

>>> x * 3

A. 系统报错

B. Happy Birthday to you!

C. Happy Birthday to you!
   Happy Birthday to you!
   Happy Birthday to you!

D. ' Happy Birthday to you! Happy Birthday to you! Happy Birthday to you!'

11. 执行以下代码,屏幕显示结果为_____。

string="it's a dog"

print(string.title())

A. It's a dog B. It's A Dog

C. It'S A Dog D. IT'S A DOG

12. 要访问字符串中的部分字符,此操作称为_____。

A. 切片 B. 合并 C. 索引 D. 赋值

13. 以下选项关于 Python 字符串的描述,错误的是_____。

A. 字符串是用一对双引号""或者一对单引号''括起来的零个或者多个字符

B. 字符串提供区间访问方式,采用[N:M]格式,表示字符串从索引 N 到 M 的子字符串(包含 N 和 M)

C. 字符串包括两种序号体系:正向递增和反向递减

D. 字符串是字符的序列,可以按照单个字符或者字符片段进行索引

14. 设 s="Happy New Year",则 s[3:8]的值为_____。

A. ' ppy Ne' B. ' py Ne'

C. ' ppy N' D. ' py New'

15. 给出如下代码

s= "abcdefghijklmn"

print(s[1:10:3])

上述代码的输出结果是_____。

A. beh B. behk C. adg D. adgj

16. 给出如下代码

TempStr ="Hello World"

可以输出"World"子串的是_____。

A. print(TempStr[-5:]) B. print(TempStr[-4:-1])

C. print(TempStr[-5:0]) D. print(TempStr[-5:-1])

17. 设 s="Python Programming",那么 print(s[-5:])的结果是_____。

A. mming B. Python C. mmin D. Pytho

18. 以下选项中可访问字符串 s 从右侧向左第三个字符的是_____。
    A. s[3]　　　　　B. s[:-3]　　　　C. s[0:-3]　　　　D. s[-3]

19. 给出如下代码

    s = "Alice"

    print(s[::-1])

    上述代码的输出结果是_____。

    A. ALICE　　　　B. ecilA　　　　C. Alic　　　　D. Alice

20. 下面代码的输出结果是_____。

    s = "The python language is a multimodel language."

    print(s.split(' '))　#引号之间包含一个空格

    A. [' The', ' python', ' language', ' is', ' a', ' multimodel', ' language.']
    B. 系统报错
    C. The python language is a multimodel language.
    D. Thepythonlanguageisamultimodellanguage.

21. 下列选项的各表达式中,有三个表达式的值相同,另一个值不相同,与其它三个表达式值不同的是_____。
    A. "ABC"+"DEF"　　　　　　B. "".join(("ABC","DEF"))
    C. "ABC"-"DEF"　　　　　　D. 'ABCDEF'*1

22. 执行以下面代码,屏幕的输出结果是_____。

    a = "alex"

    b = a.capitalize()

    print(a,end=",")

    print(b)

    A. alex,Alex　　B. ALEX,alex　　C. alex,ALEX　　D. Alex,Alex

23. 给出如下代码

    s = ' Python is beautiful!'

    可以输出"python"的是_____。

    A. print(s[0:7])　　　　　　　B. print(s[:-14])
    C. print(s[-21:-14].lower())　　D. print(s[0:7].lower())

24. 执行以下代码,屏幕的输出结果是_____。

    s1 = "The python language is a scripting language."

    s2 = s1.replace(' scripting',' general')

    print(s2)

    A. The python language is a scripting language.
    B. 系统报错
    C. [' The', ' python', ' language', ' is', ' a', ' scripting', ' language.']
    D. The python language is a general language.

25. 执行以下代码,屏幕的输出结果是_____。

    s1 = "The python language is a scripting language."

    s1.replace(' scripting',' general')

print(s1)

A. The python language is a scripting language.
B. 系统报错
C. ['The',' python',' language',' is',' a',' scripting',' language.']
D. The python language is a general language.

26. 执行以下代码,屏幕的输出结果是_____。

  str1 = "mysqlsqlserverPostgresQL"
  str2 = "sql"
  ncount = str1.count(str2)
  print(ncount)

 A. 3   B. 5   C. 4   D. 2

27. 执行以下代码,屏幕的输出结果是_____。

  str1 = "mysqlsqlserverPostgresQL"
  str2 = "sql"
  ncount = str1.count(str2,10)
  print(ncount)

 A. 3   B. 0   C. 4   D. 2

28. 执行以下代码,屏幕的输出结果是_____。

  s = "The python language is a cross platform language."
  print(s.find(' language',s.index("a")))

 A. 11   B. 系统报错 C. 10   D. 40

29. 关于 Python 字符编码,以下选项中描述错误的是_____。
 A. Python 可以处理任何字符编码文本
 B. Python 默认采用 Unicode 字符编码
 C. ord(x)和 chr(x)是一对函数
 D. chr(x)将字符转换为 Unicode 编码

30. 基本的 Python 内置函数 chr(i)的作用是_____。
 A. 创建一个复数 r + i*1j,其中 i 可以省略
 B. 将整数 x 转换为等值的二进制字符串
 C. 返回 Unicode 编码值为 i 的字符
 D. 创建字典类型,如果没有输入参数则创建一个空字典

31. 基本的 Python 内置函数 ord(x)的作用是_____。
 A. 返回一个字符 x 的 Unicode 编码值
 B. 获取用户输入,其中 x 是字符串,作为提示信息
 C. 将整数 x 转换为八进制字符串
 D. 将变量 x 转换成整数

32. 有如下代码
  s = 'Python is Open Source!'
  print(s[0:].upper())
 上述代码的输出结果是_____。

A. PYTHON IS OPEN SOURCE!　　B. PYTHON IS OPEN SOURCE
　　C. Python is Open Source!　　D. PYTHON
33. 将字符串中全部字母转换为大写字母的字符串方法是_____。
　　A. swapcase　　B. capitalize　　C. uppercase　　D. upper
34. 下列选项中输出结果是 True 的是_____。
　　A. >>> isinstance(255,int)　　B. >>> chr(10).isnumeric()
　　C. >>> "Python".islower()　　D. >>> chr(13).isprintable()
35. 下列表达式中,能用于判断字符串 s1 是否属于字符串 s(即 s1 是否为 s 的子串)的是_____。
　　① s1 in s;② s.find(s1)>0;③ s.index(s1)>0;④ s.rfind(s1);⑤ s.rindex(s1)>0
　　A. ①　　B. ①②　　C. ①②③　　D. ①②③④⑤
36. 以下程序的输出结果是:
```
chs = "|'\'—'|"
for i in range(6):
    for ch in chs[i]:
        print(ch,end='')
```
　　A. |'\'—'　　B. |\—|　　C. "|'—'|"　　D. |''—'|

二、填空题

1. 在 Python 语言中,字符串可以使用_____、_____或者_____来表示。
2. 字符串是一个字符序列,其值_____(不可/可以)改变。
3. "4"+"5"的值是_____。
4. 已知 ans=' y',则表达式 ans==' y' and ' Y'的值为_____。
5. 表达式 ' abc' in ' abcdefg' 的值为_____。
6. 字符串 s 中,最后一个字符的反向索引序号是_____。正向索引序号是_____。
7. 在 Python 的字符串中,有两个序号体系可以表示字符串中字符的位置序号,其中正向序号体系,索引顺序从左向右,索引号从_____开始。
8. 在 Python 的字符串中,有两个序号体系可以表示字符串中字符的位置序号,其中反向序号体系,索引顺序从右向左,索引号从_____开始。
9. 设 s=' abcdefg',则 s[3]的值是_____,s[3:5]的值是_____,s[:5]的值是_____,s[3:]的值是_____,s[::2]的值是_____,s[::-1]的值是_____。
10. 已知 x = ' abcdefg',则表达式 x[3:] + x[:3] 的值为_____。
11. 下面语句的执行结果是_____。
　　s=' A'
　　print(3 * s.split())
12. ' Python Program'.count(' P')的值是_____。
13. 设 s=' a,b,c',s2=(' x',' y',' z'),s3=':',则 s.split(',')的值为_____,s.rsplit(',',1)的值为_____,s.partition(',')的值是_____,s.rpartition(',')的值为_____,s3.join(' abc')的值为_____,s3.join(s2)的值为_____。
14. 已知 s1=' red hat',print(s1.upper())的结果是_____,s1.swapcase()的结果是_____,s1.title()的结果是_____,s1.replace(' hat',' cat')的结果是_____。

15. ' AsDf888'.isalpha()的值是_____。

4.2 字符串的格式化

一、单选题

1. 利用print()格式化输出,能够控制浮点数的小数点后两位输出的是_____。
   A. {.2}　　　　　B. {:.2f}　　　　C. {.2f}　　　　D. {:.2}

2. 语句print(' x=＄{:7.2f}'.format(123.5678))执行后的输出结果是_____。（选项的□代表空格。）
   A. x=□123.56
   B. ＄□123.57
   C. x=＄□123.57
   D. x=＄□123.56

3. print('{:7.2f}{:2d}'.format(101/7,101%8))的运行结果是_____。
   A. {:7.2f}{:2d}
   B. □□14.43□5(□代表空格)
   C. □14.43□□5(□代表空格)
   D. □□101/7□101%8(□代表空格)

4. 下面代码的输出结果是_____。

    a="Python"
    b="A SuperLanguage"
    print("{:->10}:{:-<19}".format(a,b))

   A. ----Python:A Superlanguage----
   B. ----Python:----A SuperLanguage
   C. The python language is a multimodel Language.
   D. Python----:----A SuperLanguage

5. 下面代码的执行结果是_____。

    a=123456789
    b="*"
    print("{0:{2}>{1},}\n{0:{2}^{1},}\n{0:{2}<{1},}".format(a,20,b))

   A. *********123,456,789
      ****123,456,789*****
      123,456,789*********
   B. *********123,456,789
      123,456,789*********
      ****123,456,789*****
   C. ****123,456,789*****
      123,456,789*********
      *********123,456,789
   D. ****123,456,789****
      *********123,456,789
      123,456,789*********

6. 下面代码的执行结果是_____。

    a="Python等级考试"
    b="="
    c=">"
    print("{0:{1}{3}{2}}".format(a, b, 25, c))

   A. Python等级考试=================
   B. >>>>>>>>>>>>>>>>>Python等级考试
   C. ========Python等级考试=========

D. ==============Python 等级考试

7. 下列程序的运行结果是_____。

   >>> s = "PYTHON"
   >>> "{0:3}".format(s)

   A. 'PYTH'   B. 'PYTHON'   C. 'HON'   D. 'PYT'

8. 以下程序的输出结果是_____。(□表示一个输出空格)

   s1 = "企鹅"
   s2 = "超级游泳健将"
   print("{0:^4}:{1:!<9}".format(s1,s2))

   A. □□企鹅:超级游泳健将!!!   B. 企鹅□□:超级游泳健将!!!
   C. 企鹅□□:! 超级游泳健将!!   D. □企鹅□:超级游泳健将!!!

9. 以下程序的输出结果是_____。

   astr = ' 0\n'
   bstr = ' A\ta\n'
   print("{}{}".format(astr,bstr))

   A. 0   B. 0
      a a   A   A
   C. A   a   D. 0
                      A   a

二、填空题

1. 代码 print("{:=^14.4f}".format(3.1415926))执行后的结果是_____。
2. 下列 Python 语句的输出结果是_____。
   print("数量{0},单价{1}".format(100,285,6))
3. 下列 Python 语句的输出结果是_____。
   print(str.format("数量{0},单价{1:3.2f}",100,285.6))
4. 下列 Python 语句的输出结果是_____。
   print("数量%4d,单价%3.3f"%(100,285.6))
5. 表达式 '{0:#d},{0:#x},{0:#o}'.format(65) 的值为_____。

4.3 正则表达式

一、单选题

1. 给定正则表达式"^(SE)?[0-9]{12}$",满足此匹配条件的字符串是:_____。
   A. "123456789123"   B. "SI12345678"
   C. "1234567890"   D. "ESX1234567Y"

2. 给定正则表达式 "^([1-9]|[1-9][0-9]|[1-9][0-9][0-9])$",满足此匹配条件的字符串是:_____。
   A. "010"   B. "0010"   C. "127"   D. "10000"

3. 给定正则表达式 "^[0-5]?[0-9]$",满足此匹配条件的字符串是:_____。
   A. "99"   B. "009"   C. "0009"   D. "10"

4. 匹配一个字符串中两个相邻单词(它们之间可以有一个或者多个空白,如空格、制表符或者任何其他 UNICODE 空白符)的正则表达式是_____。
   A. "\b(\b+)\s+\1\b"   B. "\b(\w+)\s+\b"
   C. "\b(\w*)\s+\1\b"   D. "\b(\w+)\s+\1\b"

5. 给定字符串"<p>第二,3G 资费起反作用。</p>",求一正则式,能够匹配这当中的内容_____。
   A. "<p>(.*?)</p>"   B. "<p>*</p>"
   C. "<p>(*)</p>"   D. "<p>(*?)</p>"

6. 软件开发中常用的匹配一个 html 标记的正则表达式是"</?[a-z][a-z0-9]*[^<>]*>",则符合此格式要求的是_____。
   A. <a<>   B. <\>   C. abc   D. </body>

7. 匹配一个英文句子(假设句子最后没有标点符号或空格等)最后一个单词的正则表达式是_____。
   A. \b(\w+)\s*$ B. \b(\w+)\s+$
   C. \s(\w+)\s*$ D. \b(\w+)\b*$

8. 已知 Visa 卡号可能有 13 位或者 16 位,且首位总是为 4。则用于匹配 Visa 卡号的正则表达式是_____。
   A. "^4[1-5][0-9]{14}$"   B. "^4[1-5]\d{14}$"
   C. "^4[^1-5][0-9]{14}$"   D. "^(4\d{12}(?:\d{3})?)$"

9. 在 HTML 文件中经常遇到注释行,对应这种注释行的正则表达式是"<!--.*?-->",满足此匹配条件的字符串是_____。
   A. '<html>'
   B. '<p>First paragraph</p>'
   C. '<a href="http://www.regexbuddy.com/">Link</a>'
   D. '<!--More boring stuff omitted-->'

10. 已知 MasterCard 信用卡必须包含 16 位数字。在这 16 个数字中,前两个数字必须是 51-55 之间的数字。则如下的正则表达式中不能匹配 MasterCard 信用卡的是_____。
    A. "^5[1-5][0-9]{14}$"   B. "^5[1-5]\d{14}$"
    C. "5[^1-5][0-9]{14}$"   D. "^5[1-5][0-9]{14,14}$"

11. 匹配一个 html 标记的正则表达式是"</?[a-z][a-z0-9]*[^<>]*>",则不符合此格式要求的是_____。
    A. <html>   B. </body>   C. </? a>   D.

二、填空题

1. 匹配手机号码的正则表达式格式:_____
2. 匹配邮箱地址的正则表达式格式:_____
3. 匹配 URL 地址的正则表达式格式:_____
4. 匹配身份证号码(18 位)的正则表达式格式:_____
5. 匹配日期(yyyy-mm-dd)的正则表达式格式:_____
6. 匹配 IP 地址的正则表达式格式:_____

7. 匹配邮政编码(6位)的正则表达式格式：_____
8. 匹配 HTML 标签的正则表达式格式：_____
9. 匹配中文字符的正则表达式格式：_____
10. 匹配数字的正则表达式格式：_____
11. 匹配英文单词的正则表达式格式：_____
12. 代码 print(re.match('^[a-zA-Z]+$',' abcDEFG000')) 的输出结果为_____
13. 当在字符串前加上小写字母_____或大写字母_____表示原始字符串，不对其中的任何字符进行转义。
14. 在设计正则表达式时，字符_____紧随任何其他限定符(*、+、?、{n}、{n,}、{n,m})之后时，匹配模式是"非贪心的"，匹配搜索到的、尽可能短的字符串。
15. 假设正则表达式模块 re 已导入，那么表达式 re.sub('\d+','1','a12345bbbb67c890d0e') 的值为_____。

4.4 综合应用

一、程序改错题

1. 输入一个由 1 和 0 组成的二进制数字串，将其转换成十进制数并输出。

```
s=input('请输入一个由1和0组成的二进制数字串：')
#**********ERROR**********
d='0'
while len(s)>0:
#**********ERROR**********
    d=d*2+s[0]
#**********ERROR**********
    s=s[1:-1]
print("转换成十进制数是:{}".format(d))
```

2. 本程序的功能是：输入一个两位数的正整数，求这个两位数每一位上数字的和是多少。

```
a=eval(input("输入一个两位数的整数"))
#**********ERROR**********
b=string(a)
#**********ERROR**********
shi=b[1]               #此处需获取十位数字
#**********ERROR**********
ge=b[2]                #此处需获取个位数字
y=shi+ge
print("两个位上数字之和为:",y)
```

3. 用纯字符处理方法，找出数字字符串中最大的数(输入任意多个正整数)，例如:
   输入:13,9,212,42,87
   输出结果为 212

```
        s=input()
        #**********ERROR**********
        num=0
        max=0
        for ch in s:
            if ch.isdigit():
                num+=ch
            else:
        #**********ERROR**********
                if len(num)==0:break
                n=int(num)
                if n>max:max=n
                num=""
        else:
            n=int(num)
            if n>max:max=n
        print(max)
```

二、程序填空题

1. 根据输入正整数 n，作为财务数据，输出一个宽度为 20 字符，n 右对齐显示，带千位分隔符的效果，使用减号字符"—"填充。如果输入正整数超过 20 位，则按照真实长度输出。

   ```
           n = input()
           #**********SPACE**********
           print(_____)
   ```

2. 给定一个数字 12345678.9，请增加千位分隔符号，设置宽度为 30、右对齐方式打印输出，使用空格填充。
   要求:增加千位分隔符号，设置宽度为 30、右对齐方式将给定数字打印输出，使用空格填充。

   ```
           #**********SPACE**********
           print(_____)
   ```

3. 0x4DC0 是一个十六进制数，它对应的 Unicode 编码是中国古老的《易经》六十四卦的第一卦，请输出第 51 卦(震卦)对应的 Unicode 编码的二进制、十进制、八进制和十六进制。
   输出示例:二进制 100110111110010、十进制 19954、八进制 46762、十六进制 4df2

```
#**********SPACE**********
print("二进制{____}、十进制{____}、八进制{____}、十六进制{}".format(____))
```

4. 从键盘上输入一个 1—12 的整数 m,输出对应的月份名称缩写。输入时给出提示信息为"请输入一个 1—12 的整数:"。

```
#**********SPACE**********
m = _____
months = "JanFebMarAprMayJunJulAugSepOctNovDec"
pos = ( m - 1 ) * 3
#**********SPACE**********
print(months[_____])
```

5. Python 程序用于输出一个具有如下风格效果的文本,用作文本进度条样式。

```
10%@==
20%@====
100%@====================
```

前三个数字,右对齐;后面字符,左对齐;文本中左侧一段输出 N 的值,右侧一段根据 N 的值输出等号,中间用 @ 分隔,等号个数为 N 与 5 的整除商的值,例如,当 N 等于 10 时,输出 2 个等号。

```
N = eval(input())   # N取值范围是0-100, 整数
#**********SPACE**********
print(_____)
```

6. 检查并统计字符串中包含的英文单引号的对数。如果没有找到单引号,就在屏幕上显示"没有单引号";每统计到 2 个单引号,就算一对,如果找到 2 对单引号,就显示"找到了2对单引号";如果找到 3 个单引号,就显示"有1对配对单引号,存在没有配对的单引号"。

```
st = input("请输入0个或多个英文单引号的字符串: ")
#**********SPACE**********
pair =st.count(_____)
if pair == 0:
    pro = "没有单引号"
elif pair % 2 == 0:
#**********SPACE**********
    pro = "有{}对单引号".format(_____)
else:
#**********SPACE**********
    pro = "有{}对配对单引号,存在没有配对的单引号".format(_____)
print(pro)
```

7. 找出字符串中的所有整数,每行 4 个输出所有数,并求出累加和。

```
s="23sdf4erwe189pwer78wead902dfa34e"
total=0
count=0
#**********SPACE**********
_____
for i in range(len(s)):
    if s[i].isdigit():
        num+=s[i]
    else:
#**********SPACE**********
        if _____:
            print(num,end=" ")
            count+=1
            if count%4==0:print()
            total+=eval(num)
#**********SPACE**********
            num=_____
else:
    if s[i].isdigit():
        print(num,end=" ")
        count+=1
        if count%4==0:print()
        total+=eval(num)
print()
print("整数之和为:",total)
```

8. 以下代码的功能是:求出任意四位回文数能被 7 整除的概率。

```
#**********SPACE**********
cnt1=_____
for n in range(1000,10000):
#**********SPACE**********
    if n==_____:
        cnt1+=1
        if n%7==0:cnt2+=1
print(cnt1,cnt2)
#**********SPACE**********
print("{:.1%}".format(_____))
```

9. 有一段英文文本,其中有单词连续重复了2次,编写程序检查重复的单词并只保留一个。例如文本内容为"This is is a desk. ",程序输出为"This is a desk. "

(1) 方法一

```
import re
x = 'This is a a desk.'
pattern = re.compile(_____)
matchResult = pattern.search(x)
x = pattern.sub(_____)
print(x)
```

(2) 方法二

```
import re
x = 'This is a a desk.'
pattern = re.compile(_____)
matchResult = pattern.search(x)
x = x.replace(_____)
```

三、编程题

1. 判断字符串是否是回文。

例如:abcdcba 是回文。abcdefg 不是回文。

```
print("【请连续四次次判断输入字符串是否是回文：】")
for n in range(4):
    print("【第{}次：】".format(n+1))
    s=input("【请输入一个5位字符:】")
    while True:
        if len(s)!=5:
            s=input("【输入错误，请重新输入:】")
        else:
            #**********Program**********



            #********** End **********
            break
```

2. 获得用户从键盘输入的一组数字,数字之间采用逗号分隔,要输出其中的最大值。
   要求:输入一组数字,采用英文逗号分隔,输出其中数字的最大值
   例如:(输入:8,3,5,7 输出:8)

#**********Program**********

#********** End **********

3. 以论语中一句话作为字符串变量 s,补充程序,分别输出字符串 s 中汉字和标点符号的个数。

    s = "学而时习之，不亦说乎？有朋自远方来，不亦乐乎？人不知而不愠，不亦君子乎？"
    n = 0 # 汉字个数
    m = 0 # 标点符号个数
    #**********Program**********

    #********** End **********
    print("【字符数为】 {}\n【标点符号数为】 {}".format(n, m))

4. 获得用户从键盘输入的一个字符串,将其中出现的字符串"py"替换为"python",输出替换后的字符串。
    要求:输入一个带有 py 的字符串,输出一个带有 python 的字符串
    例如:(输入:Alice like use py 输出:Alice like use python)

    #**********Program**********

    #********** End **********

5. 编写程序从用户处获得一个不带数字的输入,如果用户输入中含数字,则需要用户再次输入,直至满足条件。打印输出这个输入。
    输出实例:

    454
     asd
     asd

    #**********Program**********

    #********** End **********

6. 编写编写函数 fun,其功能为打印如下图所示图形。

```
        *
       ***
      *****
     *******
      *****
       ***
        *
```

要求:要求使用 abs()。

编写函数中包含输出语句,直接打印表达式的结果。

```
for n in range(1, 8):
#**********Program**********



#********** End **********
```

7. 编写双重循环程序,打印出如下图形:

参考运行结果:

```
    A
   BBB
  CCCCC
 DDDDDD
EEEEEEEE
```

#以下为代码框架

```
for i in range(5) :
#**********Program**********



#********** End **********
    for j in range(2*i+1):
#**********Program**********



#********** End **********
```

8. 编写程序,用户输入一段英文,然后输出这段英文中所有长度为 3 个字母的单词。

```
import re
#**********Program**********



#********** End **********
```

第 5 章　列表与元组

5.1　列表

一、单选题

1. Python 语句 print(type([1,2,3,4])) 的输出结果是_____。
   A. <class 'tuple'>　　　　　　　　B. <class 'dict'>
   C. <class 'set'>　　　　　　　　　D. <class 'list'>

2. 下面代码的输出结果是_____。
   ```
   vlist = list(range(5))
   for e in vlist:
       print(e,end=",")
   ```
   A. [0, 1, 2, 3, 4]　　　　　　　　B. 0;1;2;3;4;
   C. 0,1,2,3,4,　　　　　　　　　　D. 0 1 2 3 4

3. 下面代码的输出结果是_____。
   ```
   vlist = list(range(5))
   print(vlist)
   ```
   A. [0, 1, 2, 3, 4]　　　　　　　　B. 0;1;2;3;4;
   C. 0,1,2,3,4,　　　　　　　　　　D. 0 1 2 3 4

4. 关于 Python 的列表，以下选项中描述错误的结果是_____。
   A. Python 列表是一个可以修改数据项的序列类型
   B. Python 列表用中括号[]表示
   C. Python 列表的长度不可变
   D. Python 列表是包含 0 个或者多个对象引用的有序序列

5. 下列 Python 语句的输出结果是_____。
   ```
   a=[1,2,3,None,(),[]]
   print(len(a))
   ```
   A. 4　　　　　　B. 5　　　　　　C. 6　　　　　　D. 7

6. 对于列表 L=[1,2,'Python',[1,2,3,4,5]],L[-3]的结果是_____。
   A. 1　　　　　　B. 2　　　　　　C. 'Python'　　　D. [1,2,3,4,5]

7. 关于 Python 序列类型的通用操作符和函数，以下选项中描述错误的是_____。
   A. 如果 s 是一个序列,x 是 s 的元素,x in s 返回 True
   B. 如果 s 是一个序列,s =[1,"kate",True],s[-1] 返回 True
   C. 如果 s 是一个序列,s =[1,"kate",True],s[3] 返回 True
   D. 如果 s 是一个序列,x 不是 s 的元素,x not in s 返回 True

8. 对于序列 s,能够返回序列 s 中第 i 到 j 以 k 为步长的元素子序列的表达式是_____。

A. s[i, j, k]   B. s(i, j, k)   C. s[i:j:k]   D. s[i; j; k]

9. 下面代码的输出结果是_____。
   a = [1, 2, 3]
   for i in a[::-1]:
       print(i,end=",")

   A. 3,2,1,   B. 3,1,2   C. 2,1,3   D. 1,2,3

10. 下面代码的输出结果是_____。
    s =["seashell","gold","pink","brown","purple","tomato"]
    print(s[4:])

    A. [' purple', ' tomato']
    B. [' gold', ' pink', ' brown', ' purple', ' tomato']
    C. [' seashell', ' gold', ' pink', ' brown']
    D. [' purple']

11. 下面代码的输出结果是_____。
    s =["seashell","gold","pink","brown","purple","tomato"]
    print(s[1:4:2])

    A. [' gold', ' brown']
    B. [' gold', ' pink', ' brown', ' purple', ' tomato']
    C. [' gold', ' pink']
    D. [' gold', ' pink', ' brown']

12. 下列选项中与 s[0:-1]表示的含义相同的是_____。
    A. s[-1]   B. s[:]
    C. s[:len(s)-1]   D. s[0:len(s)]

13. 二维列表 ls=[[1,2,3],[4,5,6],[7,8,9]],以下选项中能获取其中元素 9 的是_____。
    A. ls[0][-1]   B. ls[-2][-1]
    C. ls[-1][-1]   D. ls[-1]

14. 二维列表 ls=[[1,2,3],[4,5,6],[7,8,9]],以下选项中能获取其中元素 5 的是_____。
    A. ls[1][1]   B. ls[-2][-1]   C. ls[-1][-1]   D. ls[4]

15. 下面代码的输出结果是_____。
    li = ["hello",' se',[["m","n"],["h","kelly"],' all'],123,446]
    print(li[2][1][1])

    A. h   B. m   C. Kelly   D. n

16. 下列程序执行后,p 的值是_____。
    a=[[1,2,3],[4,5,6],[7,8,9]]
    p=1
    for i in range(len(a)):
        p*=a[i][i]

    A. 45   B. 15   C. 6   D. 28

17. 下面代码的输出结果是_____。
    ```
    list1 = []
    for i in range(1,11):
        list1.append(i**2)
    print(list1)
    ```
    A. [1,4,9,16,25,36,49,64,81,100]
    B. —————Python：—————A Superlanguage
    C. 错误
    D. [2,4,6,8,10,12,14,16,18,20]

18. 下面代码的输出结果是_____。
    ```
    a = []
    for i in range(2,10):
        count = 0
        for x in range(2,i):
            if i % x == 0:
                count += 1
        if count == 0:
            a.append(i)
    print(a)
    ```
    A. [3,5,7,9]   B. [4,6,8,9,10]
    C. [2,3,5,7]   D. [2,4,6,8]

19. 下面代码的输出结果是_____。
    ```
    a = [9,6,4,5]
    N = len(a)
    for i in range(int(len(a)/2)):
        a[i],a[N-i-1] = a[N-i-1],a[i]
    print(a)
    ```
    A. [6,9,5,4]   B. [9,6,5,4]
    C. [5,4,6,9]   D. [4,5,9,6]

20. 下面代码的输出结果是_____。
    ```
    for a in ["torch","soap","bath"]:
        print(a)
    ```
    A. torch   B. torch,soap,bath
       soap
       bath
    C. torch,soap,bath,   D. torch soap bath

21. 下面代码的输出结果是_____。
    ```
    list1 = [1,2,3]
    list2 = [4,5,6]
    print(list1+list2)
    ```

A. [5,7,9]   B. [4,5,6]
C. [1,2,3,4,5,6]   D. [1,2,3]

22. 下面代码的输出结果是_____。

    s =["seashell","gold","pink","brown","purple","tomato"]
    print(len(s),min(s),max(s))

A. 6 seashell gold   B. 5 purple tomato
C. 5 pink brown   D. 6 brown tomato

23. 下列 Python 语句的输出结果是_____。

    s1=[4,5,6]
    s2=s1
    s1[1]=0
    print(s2)

A. [4,5,6]   B. [4,0,6]   C. [0,5,6]   D. [4,5,0]

24. 下面代码的输出结果是_____。

    a = [4,5,6]
    b = a[:]
    a[1]=0
    print(b)

A. [4,5,6]   B. [4,0,6]   C. [0,5,6]   D. [4,5,0]

25. 下面代码的输出结果是_____。

    a = [1,3]
    b = [2,4]
    a.extend(b)
    print(a)

A. [1,3,2,4]   B. [1,2,3,4]   C. [2,4,1,3]   D. [1,3,[2,4]]

26. 下面代码的输出结果是_____。

    list1 = [i*2 for i in 'Python']
    print(list1)

A. ['PP','yy','tt','hh','oo','nn']
B. Python Python
C. 错误
D. [2,4,6,8,10,12]

27. 下面代码的输出结果是_____。

    list1 = [m+n for m in 'AB' for n in 'CD']
    print(list1)

A. ['AC','AD','BC','BD']   B. ABCD
C. 错误   D. AABBCCDD

28. 下面代码的输出结果是_____。

    list1 = [(m,n) for m in 'ABC' for n in 'ABC' if m!=n]
    print(list1)

A. ['AC','AD','BC','BD']
B. [('A','B'),('A','C'),('B','A'),('B','C'),('C','A'),('C','B')]
C. 错误
D. [('A','C'),('A','D'),('B','C'),('B','D')]

29. 设序列 s,以下选项中对 max(s)的描述正确的是_____。
A. 肯定能够返回序列 s 的最大元素
B. 返回序列 s 的最大元素,如果有多个相同,则返回一个列表类型
C. 返回序列 s 的最大元素,如果有多个相同,则返回一个元组类型
D. 返回序列 s 的最大元素,但要求 s 中元素之间可比较

30. 表达式",".join(ls)中 ls 是列表类型,以下选项中对其功能的描述正确的是_____。
A. 在列表 ls 每个元素后增加一个逗号
B. 将逗号字符串增加到列表 ls 中
C. 将列表所有元素连接成一个字符串,元素之间增加一个逗号
D. 将列表所有元素连接成一个字符串,每个元素后增加一个逗号

31. 下面代码的输出结果是_____。
```
L = [1,2,3,4,5]
s1 = ','.join(str(n) for n in L)
print(s1)
```
A. [1,2,3,4,5]   B. 1,,2,,3,,4,,5
C. [1,,2,,3,,4,,5]   D. 1,2,3,4,5

32. 将以下代码保存成 Python 文件,运行后输出的是_____。
```
li = ['alex','eric','rain']
s = "_".join(li)
print(s)
```
A. _alex_eric_rain   B. _alex_eric_rain_
C. alex_eric_rain   D. alex_eric_rain_

33. 给出下面代码:
```
a = input("").split(",")
x = 0
while x < len(a):
    print(a[x],end="")
    x += 1
```
代码执行时,从键盘获得:a,b,c,d
则代码的输出结果是_____。
A. a,b,c,d   B. 无输出   C. 执行代码出错   D. abcd

二、填空题

1. 序列元素的编号从_____开始,访问序列元素的编号用_____括起来。
2. 设有列表 L=[1,2,3,4,5,6,7,8,9],则 L[2:4]的值是_____,L[::2]的值是_____,L[-1]的值是_____,L[-1:-1-len(L):-1]的值是_____。
3. 假设有一个列表 a,现要求从列表 a 中每 3 个元素取 1 个,并且将取到的元素组成新

的列表 b,可以使用语句_____。
4. 下列 Python 语句的输出结果是_____。
   x=y=[1,2]
   x.append(3)
   print(x is y,x==y,end='')
   z=[1,2,3]
   print(x is z,x==z,y==z)
5. 下列语句的运行结果是_____。
   s=[1,2,3,4]
   s.append([5,6])
   print(len(s))
6. 已知 fruits=['apple','banana','pear'],print(fruits[-1][-1])的结果是_____,print(fruits.index('apple'))的结果是_____,print('Apple' in fruits)的结果是_____。
7. 表达式"2 in [1,2,3,4]"的值是_____,max((1,2,3)*2)的值是_____。
8. 下列语句执行后,s 值为_____。
   s=[1,2,3,4,5,6]
   s[:1]=[]
   s[:2]='a'
   s[2:]='b'
   s[2:3]=['x','y']
   del s[:1]
9. 对于列表 x,x.append(a)等价于_____。
10. 下列语句的运行结果是_____。
    s1=[1,2,3,4]
    s2=[5,6,7]
    print(len(s1+s2))
11. 表达式[1, 2, 3]*3 的执行结果为_____。
12. 表达式[3] in [1, 2, 3, 4]的值为_____。
13. 下列 Python 语句的输出结果是_____。
    s=['a','b']
    s.append([1,2])
    s.extend([5,6])
    s.insert(10,8)
    s.pop()
    s.remove('b')
    s[3:]=[]
    s.reverse()
    print(s)
14. 列表对象的 sort()方法用来对列表元素进行原地排序,该函数返回值为_____。

15. 使用列表推导式生成包含10个数字5的列表,语句可以写为_____。
16. 已知 x = 'abcd' 和 y = 'abcde',那么表达式 [i==j for i,j in zip(x,y)] 的值为_____。
17. 已知 x = [3,3,4],那么表达式 id(x[0])==id(x[1]) 的值为_____。
18. 已知 x = [3,2,4,1],那么执行语句 x = x.sort() 之后,x 的值为_____。
19. 表达式 list(filter(lambda x: x>5, range(10))) 的值为_____。
20. 已知 x = [[]] * 3,那么执行语句 x[0].append(1) 之后,x 的值为_____。
21. 已知 x = [[] for i in range(3)],那么执行语句 x[0].append(1) 之后,x 的值为_____。
22. 已知 x = [1,2,3,4,5],那么执行语句 x[::2] = range(3) 之后,x 的值为_____。
23. 已知 x = [1,2,3,4,5],那么执行语句 x[::2] = map(lambda y:y!=5, range(3)) 之后,x 的值为_____。
24. 已知 x = [1,2,3,4,5],那么执行语句 x[1::2] = sorted(x[1::2], reverse=True) 之后,x 的值为_____。
25. 已知 x = [1,2,3],那么连续执行 y = [1,2,3] 和 y.append(4) 这两条语句之后,x 的值为_____。

5.2 元组

一、单选题

1. 下列类型的数据中其元素可以改变的是_____。
   A. 列表　　　　B. 元组　　　　C. 字符串　　　　D. 单个字符
2. 关于 Python 的元组类型,以下选项中描述错误的是_____。
   A. 元组一旦创建就不能被修改
   B. 一个元组可以作为另一个元组的元素,可以采用多级索引获取信息
   C. 元组中元素不可以是不同类型
   D. Python 中元组采用逗号和圆括号(可选)来表示
3. tuple(range(2,10,2)) 的返回结果是_____。
   A. [2,4,6,8]　　B. [2,4,6,8,10]　　C. (2,4,6,8)　　D. (2,4,6,8,10)
4. Python 语句 print(type((1,2,3,4))) 的输出结果是_____。
   A. <class 'tuple'>　　B. <class 'dict'>　　C. <class 'set'>　　D. <class 'list'>
5. 元组变量 t=("cat","dog","tiger","human"),t[::-1] 的结果是_____。
   A. ('human','tiger','dog','cat')　　B. 运行出错
   C. {'human','tiger','dog','cat'}　　D. ['human','tiger','dog','cat']
6. 以下关于元组的描述,错误的是_____。
   A. 直接使用()对变量赋值可创建空元组
   B. tuple()函数不带参数时可创建空元组
   C. 元组一旦创建,在任何情况下都无法修改元组中的元素
   D. 可以用 tuple()函数将其他类型的序列转换为元组

7. 执行以下代码,屏幕显示结果为_____。
    ```
    tuple_0=([0],)
    try:
        tuple_0[0].extend([1])
    except:
        tuple_0[0].append(2)
    else:
        tuple_0[0].append(3)
    finally:
        print(tuple_0)
    ```
    A. ([0,2],)   B. ([0,1,2],)   C. ([0,1,3],)   D. ([0,3],)

二、填空题

1. 元组的元素_____(填"可以"或"不可以")改变。
2. _____(填"可以"或"不可以")使用 del 命令来删除元组中的部分元素。
3. 表达式 (1,2,3)+(4,5) 的值为_____。
4. 表达式 (1,) + (2,) 的值为_____。
5. Python 语句 print(tuple(range(2)),list(range(2))) 的运行结果是_____。
6. 执行以下语句,屏幕输出的结果为:_____。
    ```
    >>> a=tuple()
    >>> b=tuple()
    >>> c=[]
    >>> d=[]
    >>> print(a is b,c is d)
    ```
7. 表达式 (1,) + tuple("321") 的值为_____。
8. 表达式 (1) + (2) 的值为_____。
9. 语句 x = 3==3,5 执行结束后,变量 x 的值为_____。
10. 已知 x = (3,),那么表达式 x * 3 的值为_____。

5.3 综合应用

一、程序改错题

1. 程序功能为计算 1+2+3+…+n 的累加和,请填写程序所缺内容。
    算法说明:首尾对应元素相加。
    ```
    n=int(input("请输入整型数值n: "))
    #**********ERROR*********
    a = [x for x in range(1,n)]
    b = (a[0] + a[-1]) * (len(a) // 2)
    #**********ERROR*********
    if len(a) % 2 == 0:
        b += a[(len(a)-1 ) // 2]
    ```

2. 利用折半查找法查找整数 m 在列表 a 中的位置。若找到，返回其下标值；否则，给出"没有找到"。请改正程序中的错误，使它能得出正确的结果。

说明：折半查找的基本算法是每次查找前先确定待查的范围 low 和 high (low < high)，然后用 m 与中间位置 (mid) 上元素的值进行比较。如果 m 的值大于中间位置元素的值，则下一次的查找范围落在中间位置之后的元素中；反之，下一次的查找范围落在中间位置之前的元素中。直到 low > high，查找结束。

```
a =[-3, 4, 7, 9, 13, 45, 67, 89, 100, 180]
m = int(input("请输入要查找的整数m，并按回车继续:"))
low=0
high=len(a)-1
while(low<=high):
#*********ERROR*********
    mid=(low+high)/2
    if(m<a[mid]):
        high=mid-1
#*********ERROR*********
    else if(m>a[mid])
        low=mid+1
    else:
        print("m={}, index={}".format(m,mid))
        break
else:
    print("没有找到！")
```

3. 请邀请张氏家族武侠莅临九月九日华山武林大会。以下代码将输出每个人的邀请函。

```
guests=["张三丰","萧峰","杨过","令狐冲","张无忌","黄蓉","段誉","虚竹"]
#*********ERROR*********
guests2=()
for guest in guests:
#*********ERROR*********
    if guest[1]=="张":
        guests2.append(guest)
#*********ERROR*********
for i in range(1,len(guests2)):
    print("尊敬的{:^5}大侠，诚邀您莅临九月九华山武林大会".format(guests2[i]))
```

4. 按升序输出 2～300 间的素数并按降序输出 2～300 间的非素数。

```
import math
primes=[]
notprimes=[]
#*********ERROR*********
for i in range(2,300):
    for j in range(2, int(math.sqrt(i))+1):
        if i % j==0:
#*********ERROR*********
```

```
                notprimes.insert(i)
                break
        else:
            primes.append(i)
print("2~300 间的素数为：",end="")
#**********ERROR**********
print(primes[::-1])
print("300~2 间的非素数为：{}".format(notprimes))
```

5. 请将如下图所示的九九乘法表保存于列表并输出。

```
九九乘法表：
1*1=1
2*1=2   2*2=4
3*1=3   3*2=6   3*3=9
4*1=4   4*2=8   4*3=12  4*4=16
5*1=5   5*2=10  5*3=15  5*4=20  5*5=25
6*1=6   6*2=12  6*3=18  6*4=24  6*5=30  6*6=36
7*1=7   7*2=14  7*3=21  7*4=28  7*5=35  7*6=42  7*7=49
8*1=8   8*2=16  8*3=24  8*4=32  8*5=40  8*6=48  8*7=56  8*8=64
9*1=9   9*2=18  9*3=27  9*4=36  9*5=45  9*6=54  9*7=63  9*8=72  9*9=81
```

```
ls=["九九乘法表：\n"]
for i in range(1,10):
#**********ERROR**********
    for j in range(1,10):
#**********ERROR**********
        separator = ' ' if i==j else '\n'
        element = str(i) + '*' + str(j) + '=' + str(i*j) + separator
#**********ERROR**********
        ls.insert(element)
for item in ls:
    print(item,end=' ')
```

6. 下面程序完成食堂伙食质量问卷调查结果的统计。

```
comments=['不满意','一般','满意','很满意']
result="不满意,一般,很满意,一般,不满意,很满意,满意,一般,一般,"\
    "不满意,满意,满意,满意,满意,满意,一般,很满意,一般,满意,"\
    "不满意,满意,一般,不满意,满意,不满意,满意,很满意,很满意,"\
    "满意,满意,不满意,满意,不满意,满意,一般,很满意,不满意,"\
    "一般,很满意,满意,很满意,不满意,很满意,不满意,很满意,"\
    "满意,满意,很满意,一般,很满意,满意,满意,很满意,不满意,"\
    "很满意,满意,不满意,满意,不满意,满意,很满意,满意,很满意,"\
    "一般,很满意,很满意,很满意,不满意,满意,一般,一般,一般,"\
    "一般,不满意,不满意,满意,很满意,很满意,满意,满意,很满意,"\
    "很满意,一般,一般,很满意,一般,一般,满意,很满意,一般"
```

```
#**********ERROR*********
resultList=result.split(' ')
commentCnts=[0]*4
#**********ERROR*********
for i in range(5):
    commentCnts[i]=resultList.count(comments[i])
most=max(commentCnts)
#**********ERROR*********
mostComment=comments[commentCnts.index(i)]
print("根据统计,对今天伙食感觉:")
print("'很满意'的学生{}人;".format(commentCnts[3]))
print("'满意'的学生{}人;".format(commentCnts[2]))
print("'一般'的学生{}人;".format(commentCnts[1]))
print("'不满意'的学生{}人。".format(commentCnts[0]))
print("调查结果中,出现次数最多的评语是",mostComment)
```

7. 下面程序模拟掷两个骰子 10 000 次,统计 2~12 各点数出现的概率。

```
from random import *
seed()
faces = [0]*13
#**********ERROR*********
for i in range(10000+1):
    face1 = int(random() * 100) % (6) + 1
    face2 = int(random() * 100) % (6) + 1
#**********ERROR*********
    faces[face1] += 1

print("模拟掷两个骰子10000次结果如下:")
for i in range(2,13):
#**********ERROR*********
    rate = faces[i] // 10000
    print("点数{}共出现了{}次".format(i,faces[i]),end=",")
    print("出现概率{:.2%}".format(rate))
```

二、程序填空题

1. 请补充横线处的代码,listA 中存放了已点的餐单,让 Python 帮你增加一个"红烧肉",去掉一个"水煮干丝"。要求:输出一个修改后的列表

```
listA = ['水煮干丝','平桥豆腐','白灼虾','香菇青菜','西红柿鸡蛋汤']
#**********SPACE*********
listA._____("红烧肉")
#**********SPACE*********
listA._____("水煮干丝")
print(listA)
```

2. 让 Python 帮你随机选一个饮品吧！
   要求：随机输出 listC 列表中的元素。
   ```
   #**********SPACE**********
   import _____
   listC = ['加多宝','雪碧','可乐','勇闯天涯','椰子汁']
   #**********SPACE**********
   print(_____(listC))
   ```

3. 补充完善如下代码，使得程序能够计算 a 中各元素与 b 逐项乘积的累加和。
   ```
   a = [[1,2,3], [4,5,6], [7,8,9]]
   b = [3,6,9]
   #*********SPACE*********
   _____
   for c in a:
   #*********SPACE*********
       for j in _____:
           s += c[j]*b[j]
   print(s)'
   ```

4. ls 是一个列表，内容如下：
   ls = [123, "456", 789, "123", 456, "789"]
   求其各整数元素的和。
   ```
   ls = [123, "456", 789, "123", 456, "789"]
   s = 0
   for item in ls:
   #*********SPACE*********
       if _____:
   #*********SPACE*********
           s += _____
   print(s)
   ```

5. 从键盘上获得用户连续输入且用逗号分隔的若干个数字（不必以逗号结尾），计算所有输入数字的和并输出。
   输出示例：
   4,5,6
   15

   给出代码提示如下：
   ```
   n = input()
   #*********SPACE*********
   nums = _____
   s = 0
   for i in nums:
   #*********SPACE*********
       _____
   print(s)
   ```

6. 将一个列表的数据复制到另一个列表中。

　　l = [1, 2, 3, 4, 5]
　　#*********SPACE*********
　　p = _____
　　#*********SPACE*********
　　for i in range(_____):
　　#*********SPACE*********
　　　　p.append(_____)
　　print(p)

7. 从键盘输入一组数,将最大的数与第一个元素交换,将最小的数与最后一个元素交换,然后输出交换后的所有数。

　　a=[]
　　b=[]
　　m=int(input("请输入一组数的长度："))
　　#*********SPACE*********
　　for i in range(_____):
　　　　a.append(int(input("请输入第 {}个数：".format(i+1))))
　　b.extend(a)
　　a.sort()
　　#*********SPACE*********
　　Max=b.index(_____)
　　b[0],b[Max]=b[Max],b[0]
　　#*********SPACE*********
　　Min=b.index(_____)
　　b[len(b)-1],b[Min]=b[Min],b[len(b)-1]
　　print(b)

8. 输出10行10列的杨辉三角形。

　　lst=[[0]*10 for i in range(10)]
　　for i in range(10):
　　　　lst[i][0]=1
　　#*********SPACE*********
　　　　lst_____=1
　　#*********SPACE*********
　　for i in range(_____):
　　　　for j in range(1, i):
　　#*********SPACE*********
　　　　　　lst[i][j]=_____
　　for i in range(10):
　　　　for j in range(i+1):
　　　　　　print("{:5}".format(lst[i][j]), end='')
　　　　print()

三、编程题

1. 找出 1000 以内的所有完数。

   说明：一个数若恰好等于它的真因子（即除了本身以外的约数）之和，这个数就称为完数。

   例如：6＝1＋2＋3 ，6 即为完数。

   要求：一个数的真因子使用列表 lists 存储。

   ```
   for x in range(1, 1001):
       #**********Program**********


       #********** End **********
       if x == sum(lists):
           print("【完数为：】{}".format(x))
           print("【它的真因子为：】{}".format(lists))
   ```

2. while True：可以构成一个"死循环"。请编写程序利用这个死循环完成如下功能：循环获得用户输入，直至用户输入字符 y 或 Y 为止，并退出程序。

   要求：输入 n 行字符串，最后输入 y 或者 Y，输出 n 行字符串，最后跳出循环。

   ```
   #**********Program**********


   #********** End **********
   ```

3. 编写程序，生成一个包含 20 个随机整数的列表，然后对其中偶数下标的元素进行降序排列，奇数下标的元素不变。（提示：使用切片）

   ```
   #**********Program**********


   #********** End **********
   ```

4. ls 是一个列表，内容如下：

   ls ＝ [123, "456", 789, "123", 456, "789"]

   请补充如下代码，在 789 后增加一个元素 012。

   ```
   ls = [123, "456", 789, "123", 456, "789"]
   #**********Program**********


   #********** End **********
   print(ls)
   ```

5. ls 是一个列表，内容如下：

   ls ＝ [123, "456", 789, "123", 456, "789"]

   请补充如下代码，将列表 ls 中第一次出现 789 位置的序号打印出来。注意，不要直接输出序号，采用列表操作方法。

```
ls = [123, "456", 789, "123", 456, "789"]
#*********Program*********
```

```
#********* End *********
```

6. 获得输入正整数 N，反转输出该正整数，不考虑异常情况。

   要求：输入一个正整数，输出一个正整数。

   ```
   #*********Program*********
   ```

   ```
   #********* End *********
   ```

7. 输入一个正整数 repeat（0＜repeat＜10），做 repeat 次下列运算：

   输入一个正整数 n，输出 2/1+3/2+5/3+8/5+…前 n 项之和，保留 2 位小数。

   （该序列从第 2 项起，每一项的分子是前一项分子与分母的和，分母是前一项的分子）

   要求：采用列表完成。

   例如：括号内是说明

   　　　　输入：

   　　　　　3　　　　　　（repeat=3）

   　　　　　1　　　　　　（n=1）

   　　　　　5　　　　　　（n=5）

   　　　　　20　　　　　（n=20）

   　　　　输出：

   　　　　　sum = 2.00　　　（第 1 项是 2.00）

   　　　　　sum = 8.39　　　（前 5 项的和是 8.39）

   　　　　　sum = 32.66　　 （前 20 项的和是 32.66）

   ```
   repeat=int(input("【请输入一个正整数 repeat:】"))
   for i in range(1,repeat+1):
       n=int(input("【请输入一个正整数 n:】"))
       a=2 #序列从第2项
       b=1 #分母
       list=[]
   #*********Program*********
   ```

   ```
   #********* End *********
       print('【sum=】{:.2f}'.format(sum(list)))
   ```

8. 警察抓了 A、B、C、D 四个犯罪嫌疑人，其中有一个人是真正的小偷，审问记录如下：

   A 说："我不是小偷。"

   B 说："D 是小偷。"

   C 说："D 在冤枉人。"

D 说:"小偷肯定是 C。"
已知四人中有三人说的真话,一人说的假话。问谁是小偷?
参考运行结果:
　　小偷是:D

```
#以下为代码框架
suspects=['A','B','C','D']
for x in suspects:
#*********Program*********


#********* End *********
```

第 6 章 字典与集合

6.1 字典

一、单选题

1. 关于 Python 字典,以下选项中描述错误的是_____。
   A. 字典是包含 0 个或多个键值对的集合,无长度限制,可以根据"键"索引"值"的内容
   B. 如果想保持一个集合中元素的顺序,可以使用字典类型
   C. 字典中对某个键值的修改可以通过中括号[]的访问和赋值实现
   D. Python 通过字典实现映射

2. 以下语句不能创建 Python 字典的是_____。
   A. dict1={} B. dict2={3;5}
   C. dict3=dict([2,5],[3,4]) D. dict4=dict(([1,2],[3,4]))

3. 以下选项中不能生成一个空字典的是_____。
   A. {} B. {[]} C. dict([]) D. dict()

4. 下面代码的输出结果是_____。
   ```
   >>> s = {}
   >>> type(s)
   ```
   A. <class ' dict'> B. <class ' tuple'>
   C. <class ' list'> D. <class ' set'>

5. Python 语句 print(type({1:1,2:2,3:3,4:4}))的输出结果是_____。
   A. <class ' tuple'> B. <class ' dict'>
   C. <class ' set'> D. <class ' list'>

6. 下列 Python 语句的运行结果是_____。
   ```
   d={1:'a',2:'b',3:'c'}
   print(len(d))
   ```
   A. 0 B. 1 C. 3 D. 6

7. 下面代码的输出结果是_____。
   ```
   a = {}
   if isinstance(a,list):
       print("{} is list".format(a))
   else:
       print("{} is {}".format("a",type(a)))
   ```
   A. 出错 B. a is list
   C. 无输出 D. a is <class ' dict'>

8. 给出如下代码：
   DictColor ={"seashell":"海贝色","gold":"金色","pink":"粉红色",
               "brown":"棕色","purple":"紫色","tomato":"西红柿色"}
   以下选项中能输出"海贝色"的是_____。
   A. print(DictColor["seashell"])   B. print(DictColor.values())
   C. print(DictColor["海贝色"])   D. print(DictColor.keys())

9. 下面代码的输出结果是_____。
   dict = {'a': 1, 'b': 2, 'b': '3'}
   temp = dict['b']
   print(temp)
   A. 1   B. {'b':2}   C. 3   D. 2

10. 对于字典 D={'A':10,'B':20,'C':30,'D':40}，对第 4 个字典元素的值进行访问的形式是_____。
    A. D[3]   B. D[4]   C. D[D]   D. D['D']

11. 下面代码的输出结果是_____。
    l1=[1,2,3,2]
    l2=['aa','bb','cc','dd','ee']
    d={}
    for index in range(len(l1)):
        d[l1[index]]=l2[index]
    print(d)
    A. {1:'aa', 2:'dd', 3:'cc'}
    B. {1:'aa', 2:'bb', 3:'cc',2:'bb'}
    C. {1:'aa', 2:'bb', 3:'cc',2:'dd'}
    D. {1:'aa', 2:'bb', 3:'cc'}

12. 给定字典 d，以下选项中对 d.get(x, y)的描述正确的是_____。
    A. 返回字典 d 中键值对为 x:y 的值
    B. 返回字典 d 中值为 y 的值，如果不存在，则返回 x
    C. 返回字典 d 中键为 y 的值，如果不存在，则返回 y
    D. 返回字典 d 中键为 x 的值，如果不存在，则返回 y

13. 给出如下代码：

    MonthandFlower={"1月":"梅花","2月":"杏花","3月":"桃花","4月":"牡丹花",
                    "5月":"石榴花","6月":"莲花","7月":"玉簪花","8月":"桂花",
                    "9月":"菊花","10月":"芙蓉花","11月":"山茶花","12月":"水仙花"}
    n = input("请输入 1-12 的月份:")
    print(n + "月份之代表花： " + MonthandFlower.get(str(n)+"月"))

    以下选项中描述正确的是_____。
    A. MonthandFlower 是一个集合
    B. MonthandFlower 是一个元组

C. MonthandFlower 是一个列表

D. 代码实现从键盘获取一个 1~12 的整数来表示月份,输出该月份对应的代表花名

14. 给定字典 d,以下选项中对 x in d 的描述正确的是_____。

A. x 是一个二元元组,判断 x 是否是字典 d 中的键值对

B. 判断 x 是否是在字典 d 中以键或值方式存在

C. 判断 x 是否是字典 d 中的值

D. 判断 x 是否是字典 d 中的键

15. 字典 d={'abc':123,'def':456,'ghi':789},len(d)的结果是_____。

A. 3　　　　　　B. 12　　　　　　C. 9　　　　　　D. 6

16. 设 a=set([1,2,2,3,3,3,4,4,4,4]),则 sum(a)的值是_____。

A. 10　　　　　　B. 20　　　　　　C. 30　　　　　　D. 40

17. 对于字典 D={'A':10,'B':20,'C':30,'D':40},sum(list(D.values()))的值是_____。

A. 10　　　　　　B. 100　　　　　　C. 40　　　　　　D. 200

18. 给定字典 d,以下选项中可以清空该字典并保留变量的是_____。

A. d.remove()　　B. del d　　C. d.clear()　　D. d.pop()

19. 给定字典 d,以下选项中对 d.items()的描述正确的是_____。

A. 返回一种 dict_items 类型,包括字典 d 中所有键值对

B. 返回一个集合类型,每个元素是一个二元元组,包括字典 d 中所有键值对

C. 返回一个元组类型,每个元素是一个二元元组,包括字典 d 中所有键值对

D. 返回一个列表类型,每个元素是一个二元元组,包括字典 d 中所有键值对

20. 给定字典 d,以下选项中对 d.keys()的描述正确的是_____。

A. 返回一种 dict_keys 类型,包括字典 d 中所有键

B. 返回一个集合类型,包括字典 d 中所有键

C. 返回一个元组类型,包括字典 d 中所有键

D. 返回一个列表类型,包括字典 d 中所有键

21. 下面代码的输出结果是_____。

```
str1="k:1|k1:2|k2:3|k3:4"
str_list=str1.split('|')
d={}
for l in str_list:
    key,value=l.split(':')
    d[key]=value
print(d)
```

A. [k:1,k1:2,k2:3,k3:4]

B. {k:1,k1:2,k2:3,k3:4}

C. ['k':'1','k1':'2','k2':'3','k3':'4']

D. {'k':'1','k1':'2','k2':'3','k3':'4'}

22. 下面代码的输出结果是_____。

```
i = ['a','b','c']
```

```
l = [1,2,3]
b = dict(zip(i,l))
print(b)
```
A. {'a': 1, 'b': 2, 'c': 3}　　　　B. 不确定
C. 报出异常　　　　D. {1: 'a', 2: 'd', 3: 'c'}

23. 执行以下代码，屏幕显示结果为_____。
```
data={1:'a',2:'b',3:'c'}
if 'a' in data:
    print('a')
elif '3' in data:
    print('3')
else:
    print("fail")
```
A. a　　　　B. 3　　　　C. fail　　　　D. 出错

24. 下面代码的执行结果是：
```
d = {}
for i in range(26):
    d[chr(i+ord("a"))] = chr((i+13) % 26 + ord("a"))
for c in "Python":
    print(d.get(c, c), end="")
```
A. Cabugl　　　　B. Python　　　　C. Pabugl　　　　D. Plguba

二、填空题

1. 字典是_____的集合。

2. 在Python中，字典和集合都是用一对_____作为定界符，字典的每个元素由两部分组成，即_____和_____，其中_____不允许重复。

3. 下列语句执行后，di['fruit'][1]值为_____。
   di={'fruit':['apple','banana','orange']}
   di['fruit'].append('watermelon')

4. Ptyton语句 print(len({}))的结果是_____。

5. 下面语句的输出结果是_____。
```
list1={}
list1[1]=1
list1['1']=3
list1[1]+=2
sum=0
for k in list1:
    sum+=list1[k]
print(sum)
```

6. 下面语句的输出结果是_____。
   d={1:'a',2:'b',3:'c'}

    del d[1]

    d[1]=' x'

    del d[2]

    print(d)

7. 下列语句执行后的结果是_____。

    d={1:' x',2:' y',3:' z'}

    del d[1]

    del d[2]

    d[1]=' A'

    print(len(d))

8. 下列语句执行后的结果是_____。

    fruits={' apple':3,' banana':4,' pear':5}

    fruits[' banana']=7

    print(sum(fruits.values()))

9. 下列语句执行后的结果是_____。

    d1={1:' food'}

    d2={1:'食品',2:'饮料'}

    d1.update(d2)

    print(d1[1])

10. 假设有列表 a = [' name',' age',' sex']和 b = [' Dong',38,' Male'],请使用一个语句将这两个列表的内容转换为字典 c,并且以列表 a 中的元素为键,以列表 b 中的元素为值,这个语句可以写为_____。

11. 已知 x = {1:1, 2:2},那么执行语句 x.update({2:3, 3:3})之后,表达式 sorted(x.items())的值为_____。

12. 表达式{' x': 1, **{' y': 2}}的值为_____。

13. 表达式{*range(4), 4, *(5, 6, 7)}的值为_____。

6.2 集合

一、单选题

1. 下面代码的输出结果是_____。

    >>> s = set()

    >>> type(s)

    A. <class ' dict'> B. <class ' tuple'>
    C. <class ' list'> D. <class ' set'>

2. python 语句 print(type({1,2,3,4}))的输出结果是_____。

    A. <class ' tuple'> B. <class ' dict'>
    C. <class ' set'> D. <class ' list'>

3. 下列 Python 语句的运行结果是_____。

    nums=set([1,2,2,3,3,3,4])

          print(len(nums))
      A. 1   B. 2   C. 3   D. 4
   4. S 和 T 是两个集合,对 S|T 的描述正确的是_____。
      A. S 和 T 的并运算,包括在集合 S 和 T 中的所有元素
      B. S 和 T 的补运算,包括集合 S 和 T 中的非相同元素
      C. S 和 T 的交运算,包括同时在集合 S 和 T 中的元素
      D. S 和 T 的差运算,包括在集合 S 但不在 T 中的元素
   5. S 和 T 是两个集合,对 S&T 的描述正确的是_____。
      A. S 和 T 的并运算,包括在集合 S 和 T 中的所有元素
      B. S 和 T 的补运算,包括集合 S 和 T 中的非相同元素
      C. S 和 T 的交运算,包括同时在集合 S 和 T 中的元素
      D. S 和 T 的差运算,包括在集合 S 但不在 T 中的元素
   6. 已知 s={'a',1,'b',2},print(s['b'])的运行结果是_____。
      A. 语法错   B. 'b'
      C. 1   D. 2
   7. 已知存在三个集合 setA、setB、setC,它们之间的关系如下图所示,如需获取 B、D、F 区域的数据,可用表达式_____实现。

      A. setA & setB | setA & setC | setB & setC
      B. (setA ^ setB) & setC | setA & setB
      C. (setA ^ setB) & setC | setA & setB — setA & setB & setC
      D. (setA ^ setB) & setC | (setA & setB) — (setA & setB & setC)
   8. 设 a=set([1,2,2,3,3,3,4,4,4,4]),则 sum(a)的值是_____。
      A. 10   B. 20
      C. 30   D. 40
   9. 已知存在集合 s1={1,2,3,4},以下关于集合的更新操作中不能实现的是_____。
      A. s1.update('6')   B. s1.update(6)
      C. s1.update([6])   D. s1.update((6,))

二、填空题
   1. 集合是一组无序排列的、_____的元素集。
   2. Python 语句 print(set([1,2,1,2,3]))的结果是_____。
   3. {1,2,3,4}&{3,4,5}的值是_____,{1,2,3,4}|{3,4,5}的值是_____,{1,2,3,4}—{3,4,5}的值是_____。

4. 在 Python 中,设有 s1={1,2,3,5},s2={2,3,5},则执行 s1.update(s2)操作后 s1 的结果为_____,s1.intersection(s2)的结果为_____,s1.difference(s2)的结果为_____。
5. 已知 x = {'a':'b','c':'d'},那么表达式 'b' in x.values() 的值为_____。
6. 已知 x = [1,2,3],那么表达式 not (set(x*100)－set(x))的值为_____。
7. 表达式{*range(4),4,*(5,6,7)}的值为_____。

6.3 综合应用

一、程序改错题

1. 程序的功能是在字典中找到年龄最大的人的姓名及年龄并输出。

        dict = {"li":18,"wang":50,"zhang":20,"sun":22}
        max_age = 0
        #**********ERROR**********
        for value in dict.items():
            if value > max_age:
                max_age = value
        #**********ERROR**********
                name == key
        print(name)
        print(max_age)

2. 已知字典 myDict 中存放了每门课程所有参加期末考试的学生的分数,程序的功能是输出每门课程的平均分(保留一位小数)。

        myDict={"语文":[85,89,76,88],"数学":[88,92,96],"英语":[98,90,95]}
        #**********ERROR**********
        for k,v in myDict:
            s=sum(v)
        #**********ERROR**********
            length=len(myDict)
            print('{}:{:.1f}'.format(k,s/length))

3. 按照面积的降序输出四大洋和对应的面积。

        dictemp=[('太平洋',18134.4),('大西洋',9431.4),('北冰洋',1225.7),("印度洋",7411.8)]
        #**********ERROR**********
        dicAreas=listtodict(dictemp)
        lst=[]
        #**********ERROR**********
        for ocean,area in dicAreas.keys():
            lst.append((area,ocean))
        #**********ERROR**********
        lst.sort()
        lst=[(ocean,area) for area,ocean in lst]
        print(lst)

4. 有三张残缺通讯录分别存着姓名与手机号或姓名与微信号,请将通讯录合并为形如{"姓名":["手机号","微信号"]}的字典并将残缺的手机号或微信号用"未知"填充并输出。

```
dicTXL={"小新":"13913000001","小亮":"13913000002"}
dicOther={"大刘":"13914000001","大王":"13914000002"}
dicWX={"小新":"xx9907","小刚":"gang1004","大刘":"liu666"}
dicResult={}

#**********ERROR**********
dicTXL.add(dicOther)
for name in dicTXL.keys():
    if name in dicWX:
        dicResult[name]=[dicTXL[name],dicWX[name]]
    else:
        dicResult[name]=[dicTXL[name],"未 知"]
for name in dicWX.keys():
#**********ERROR**********
    if name in dicResult:
        dicResult[name]=["   未  知   ",dicWX[name]]
print("姓名"," 手 机 ","微信")
#**********ERROR**********
for name,phone,wechat in dicResult.items():
    print(name,phone,wechat)
```

5. 生成 20 个 0—20 的随机整数并按升序输出其中互不相同的数。

```
from random import *
ls=[]
for i in range(20):
#**********ERROR**********
    ls.append(randrange(0,20))
print("生成的 20 个 0—20 的随机整数为：")
print(ls)
#**********ERROR**********
s=listtoset(ls)
print("其中互不相同的数为：")
#**********ERROR**********
ls2=s.sort()
print(ls2)
```

6. 下面程序用 if 结构统计并打印出英文句子中各字符出现的次数。

```
sentence="Time is short,we need python."
sentence=sentence.lower()
#**********ERROR**********
counts=[]
for c in sentence:
    if c in counts:
        counts[c] = counts[c] + 1
```

```
        else:
#**********ERROR**********
            counts[c] = 0
#**********ERROR**********
    print(c)
```

7. IEEE 和 TIOBE 是两大热门编程语言排行榜。截至 2018 年 12 月，IEEE 榜排名前五的编程语言分别是 Python、C++、C、Java 和 C#，TIOBE 榜排名前五的编程语言是 Java、C、Python、C++、VB.NET。请编写程序求出：

① 上榜的所有语言；
② 在两个榜单同时进前五的语言；
③ 只在 IEEE 榜排进前五的语言；
④ 只在一个榜单进前五的语言。

```
    setI={'Python','C++','C','Java','C#'}
    setT={'Java','C','C++','Python','VB.NET'}

    print("IEEE2018 排行榜前五的编程语言有:")
    print(setI)

    print("TIOBE2018 排行榜前五的编程语言有:")
    print(setT)

    print("前五名上榜的所有语言有:")
#**********ERROR**********
    print(setI + setT)

    print("在两个榜单同时进前五的语言有:")
    print(setI & setT)

    print("只在 IEEE 榜进前五的语言有:")
#**********ERROR**********
    print(setI ∩ setT)

    print("只在一个榜单进前五的语言:")
#**********ERROR**********
    print(setI & setT)
```

8. 编写程序分别统计男女生人数，并查找所有年龄超过 18 岁的学生的姓名。

```
    dicStus={'李明':('男',19),'杨柳':('女',18),'张一凡':('男',18),
             '许可':('女',20),'王小小':('女', 19),'陈心':('女',19)}
    cnts={}
    names=[]
#**********ERROR**********
    for k,v in dicStus.items:
```

```
#*********ERROR*********
        cnts[v[0]]=cnts.get(v[0],1)+1
        if v[1]>18:
#*********ERROR*********
            names.remove(k)
print()
print("学生中女生共有{}名,男生共有{}名".format(cnts['女'],cnts['男']))
print("其中年龄超过18岁的学生有:")
print(names)
```

9. 以下程序的功能是,在字典中找到年龄最大的人的姓名及年龄,并输出。

```
#**********ERROR**********
dict=("li":18,"wang":50,"zhang":20,"sun":22)
max_age=0
#**********ERROR**********
for value in dict.items():
    if value > max_age:
        max_age=value
#**********ERROR**********
        name=dict.key
print(name)
print(max_age)
```

10. 已知字典 myDict 中存放了每门课程所有参加期末考试的学生的分数,程序的功能是输出每门课程的平均分(保留一位小数)。

```
myDict={"语文":[85,89,76,88],"数学":[88,92,96],"英语":[98,90,95]}
#**********ERROR**********
for k,v in myDict:
    s=sum(v)
#**********ERROR**********
    length=len(myDict)
#**********ERROR**********
    print('{}:{:.1f}'.format(k,s%length))
```

11. 某班级统计了全班同学的通讯录后发现忘记统计邮箱地址,于是又补充统计了一份邮箱表,现在想把这两张表的数据合并。部分未登记邮箱的默认 QQ 邮箱。

```
dicTXL={"李明":{"性别":"男","手机号码":"189345678","QQ":"34623419"},
       "杨柳":{"性别":"女","手机号码":"189343454","QQ":"34623419"},
       "张一凡":{"性别":"男","手机号码":"18935463348","QQ":"34623419"},
       "许可":{"性别":"女","手机号码":"189543278","QQ":"34623419"},
       "王小小":{"性别":"女","手机号码":"189345578","QQ":"34623419"},
```

```
            "陈心":{"性别":"女","手机号码":"189367888","QQ":"34623419"},}
    dicMAIL={"李明":{"邮箱":"Liming@163.cn"},
             "张一凡":{"邮箱":"yfzhang@126.cn"},
             "王小小":{"邮箱":"xixowang@qmail.cn"},
             "陈心":{"邮箱":"Chenxin_88@sina.com"}}
    for k in dicTXL:
        if k in dicMAIL:
    #**********ERROR**********
            mail=dicMAIL[k]
        else:
    #**********ERROR**********
            mail=dicTXL[k]+"@qq.com"
        dicTXL[k]["邮箱"]=mail
    print("姓名\t性别\t手机号码\tQQ\t\t邮箱")
    #**********ERROR**********
    for k,v in dicTXL.keys():
        print(k,"\t",v['性别'],"\t",v['手机号码'],"\t",v['QQ'],"\t",\
    v['邮箱'],sep="")
```

二、程序填空题

1. 用 get 方法统计英文句子"Life is short, we need Python."中各字符出现的次数(字母不区分大小写),结果存入字典 counts 中。

```
    sentence="Time is short,we need python."
    #**********SPACE**********
    sentence=_____          #预处理,统一转化为小写字母
    counts={}
    for c in sentence:
    #**********SPACE**********
        counts[c]= _____
    print()
    print(counts)
```

2. 下面代码的功能是随机生成 50 个介于[1,20]之间的整数,然后统计每个整数出现的频率。

```
    import random
    #**********SPACE**********
    x = [random._____(1,20) for i in range(_____)]
    r = dict()
    for i in x:
    #**********SPACE**********
        r[i] = r.get(i,_____)+1
    for k, v in r.items():
        print(k, v)
```

3. d 是一个字典,内容如下:
   d = {123:"123", 456:"456", 789:"789"}
   请补充如下代码,以列表形式输出字典 d 中的值。
   ```
   d = {123:"123", 456:"456", 789:"789"}
   #*********SPACE*********
   print(_____)
   ```

4. dictMenu 中存放了你的双人下午套餐(包括咖啡 2 份和点心 2 份)的价格,让 Python 帮忙计算并输出消费总额。
   ```
   dictMenu = {'卡布奇诺':32,'摩卡':30,'抹茶蛋糕':28,'布朗尼':26}
   #*********SPACE*********
   _____
   #*********SPACE*********
   for i in _____:
       sum += i
   print(sum)
   ```

5. 实现暂停一秒输出的效果。要求:使用 time 模块。
   ```
   #*********SPACE*********
   import _____
   myD = {1: 'a', 2: 'b', 3: 'c', 4: 'd', 5: 'e'}
   #*********SPACE*********
   for key,value in _____:
       print(key, value)
   #*********SPACE*********
       time.sleep(_____)
   ```

6. 某班班长和团支书两人分别调查本班男生和女生的省份,二人的统计结果分别放入字典 dic1 和 dic2 中,程序将两人的调查结果合并至新字典 dic3 并输出。合并方法:相同省份按值相加合并至新字典 dic3,原字典 dic1 和 dic2 不变。
   ```
   dic1={"江苏":8,"浙江":2,"山东":4,"安徽":5,"吉林":2}
   dic2={"浙江":2,"江苏":2,"河南":3,"福建":3}
   #*********SPACE*********
   dic3=dic1._____
   #*********SPACE*********
   for _____ in dic2.items():
   #*********SPACE*********
       dic3[k]=dic3._____+v
   print(dic3)
   ```

7. 有字典 d1={"张三":{"语文":88,"数学":99}},如需要按以下形式输出字典中的所有内容以及总分:
   张三 语文 88 数学 99 总分:187
   请完善以下代码。

```
d1={"张三":{"语文":88,"数学":99}}
for k in d1:
        print(k,end=" ")
#**********SPACE**********
        for k1 in _____:
#**********SPACE**********
            print(k1,_____,end=" ")
#**********SPACE**********
        print("总分:",sum(_____))
```

8. 已知存在一个通讯录字典 dicTXL,包含条目信息为"姓名:[手机号,QQ 号]",存在另一个微信字典 dicWX,包含条目信息为"姓名:微信号",现在需要将两个字典合并,将微信号添加到通讯录字典的对应条目中,如果微信号不存在的人员,默认将手机号作为微信号添加。请完善以下代码。

```
dicTXL= {"李明":["13913000001","18191220001"],
"杨柳":["13913000002","18191220002"],
"张一凡":["13913000003","18191220003"],
"许可":["13914000001","18191230001"],
"陈心":["13914000002","18191230002"]}
dicWX={"李明":"xx9907","陈心":"chen1004","张一凡":"jack_z"}
for k in dicTXL:
#**********SPACE**********
    if k in _____:
       wx=dicWX[k]
    else:
#**********SPACE**********
       wx=_____
#**********SPACE**********
    dicTXL[k].append(_____)
print("姓名   手机号   QQ    微信")
for k,v in dicTXL.items():
    print(k,v[0],v[1],v[2])
```

三、编程题

1. 编写代码完成如下功能:
   (1)建立字典 d,包含内容是:"数学":101,"语文":202,"英语":203,"物理":204,"生物":206。
   (2)向字典中添加键值对"化学":205。
   (3)修改"数学"对应的值为 201。
   (4)删除"生物"对应的键值对。

(5) 按顺序打印字典 d 全部信息,参考格式如下(注意,其中冒号为英文冒号,逐行打印):

数学:201
语文:202
英语:203
物理:204
化学:205

(注意,其中冒号为英文冒号,逐行打印);

#*********Program*********

#********** End *********

2. 列表 ls 中存储了我国 39 所 985 高校所对应的学校类型,请以这个列表为数据变量,完善 Python 代码,统计输出各类型的数量。

ls = ["综合", "理工", "综合", "综合", "综合", "综合", "综合", "综合", \
      "综合", "综合", "师范", "理工", "综合", "理工", "综合", "综合", \
      "综合", "综合", "综合", "理工", "理工", "理工", "理工", "师范", \
      "综合", "农林", "理工", "综合", "理工", "理工", "理工", "综合", \
      "理工", "综合", "综合", "理工", "农林", "民族", "军事"]

#*********Program*********

#********** End *********

3. 从键盘输入一个正整数 n(3≤n≤7),按从小到大顺序输出 1~n 构成的所有排列。

例如输入:3

则屏幕输出:

123
132
213
231
312
321

import random
import math
n=int(input())
#**********Program**********

#********** End *********

第 7 章 函 数

7.1 函数的概念

一、单选题

1. 以下选项中,不属于函数的作用的是_____。
   A. 提高代码执行速度　　　　　　　B. 降低编程复杂度
   C. 增强代码可读性　　　　　　　　D. 复用代码
2. 下列选项中不属于函数优点的是_____。
   A. 减少代码重复　　　　　　　　　B. 使程序模块化
   C. 使程序便于阅读　　　　　　　　D. 便于发挥程序员的创造力
3. 下面代码的输出结果是_____。
   ```
   def hello_world():
       print('ST',end="*")
   def three_hellos():
       for i in range(3):
           hello_world()
   three_hellos()
   ```
   A. ST*ST*ST*　　B. ***　　C. ST*　　D. ST*ST*
4. 下列选项中,函数定义错误的是_____。
   A. def　my_func(a,b=2):
   B. def　my_func(a,b):
   C. def　my_func(a,*b):
   D. def　my_func(*a,b):
5. 下列关于函数调用说法错误的是_____。
   A. 函数调用可以出现在任意位置
   B. 可以将函数名赋值给变量
   C. 函数是一种对象
   D. 函数可以作为参数传递给其他函数
6. 下列关于函数的说法错误的是_____。
   A. 函数使用 def 语句完成定义
   B. 函数调用一次,可执行多个 return 语句
   C. 函数可以有多个参数
   D. 函数可以没有参数
7. 下列有关函数的说法中,正确的是_____。
   A. 函数的定义必须在程序的开头

B. 函数定义后,其中的程序就可以自动执行

C. 函数定义后需要调用才会执行

D. 函数体与关键字 def 必须左对齐

8. 关于 Python 函数,以下选项中描述错误的是_____。

A. 函数是一段可重用的语句组

B. 函数通过函数名进行调用

C. 每次使用函数需要提供相同的参数作为输入

D. 函数是一段具有特定功能的语句组

9. 以下代码中的 fact 函数是属于哪种函数_____。

```
def fact(n):
    p=1
    for i in range(1,n+1):
        p=p*i
    return p
n=int(input("Enter n:"))
print(n,'! = ',fact(n))
```

A. 无参无返回值函数　　　　　　　B. 无参有返回值函数

C. 有参无返回值函数　　　　　　　D. 有参有返回值函数

10. 下面程序中的 swap 函数是属于_____函数。

```
def swap(a,b):
    a,b=b,a
    print ("a=",a, "b=",b)
x=2
y=8
swap(x,y)
print ("x=",x, "y=",y)
```

A. 无参无返回值函数　　　　　　　B. 无参有返回值函数

C. 有参无返回值函数　　　　　　　D. 有参有返回值函数

二、填空题

1. 函数定义以关键字_____开始,最后以_____结束。

2. Python 3.x 语句 print(1,2,3,sep=',') 的输出结果为_____。

3. Python 中定义函数的关键字是_____。

4. 如果函数中没有 return 语句或者 return 语句不带任何返回值,那么该函数的返回值为_____。

5. 已知函数定义

```
def demo(x, y, op):
    return eval(str(x)+op+str(y))
```

那么表达式 demo(3, 5, ' * ')的值为_____。

7.2 函数的定义和使用

一、单选题

1. 以下关于函数说法正确的是_____。
   A. 函数的实际参数和形式参数必须同名
   B. 函数的形式参数既可以是变量也可以是常量
   C. 函数的实际参数不可以是表达式
   D. 函数的实际参数可以是其他函数的调用

2. 关于形参和实参的描述,以下选项中正确的是_____。
   A. 函数定义中参数列表里面的参数是实际参数,简称实参
   B. 程序在调用时,将形参赋值给函数的实参
   C. 程序在调用时,将实参赋值给函数的形参
   D. 参数列表中给出要传入函数内部的参数,这类参数称为形式参数,简称形参

3. 下列关于函数的说法中,正确的是_____。
   A. 函数定义时必须有形参
   B. 函数中定义的变量只在该函数体中起作用
   C. 函数定义时必须带 return 语句
   D. 实参与形参的个数可以不相同,类型可以任意

4. 关于函数的返回值,以下选项中描述错误的是_____。
   A. 函数可以返回 0 个或多个结果
   B. return 可以传递 0 个返回值,也可以传递任意多个返回值
   C. 函数可以有 return,也可以没有
   D. 函数必须有返回值

5. 关于 return 语句,以下选项中描述正确的是_____。
   A. 函数中最多只有一个 return 语句
   B. 函数可以没有 return 语句
   C. return 只能返回一个值
   D. 函数必须有一个 return 语句

6. 在 Python 中,关于函数的描述,以下选项中正确的是_____。
   A. 一个函数中只允许有一条 return 语句
   B. 函数 eval() 可以用于数值表达式求值,例如 eval("2 * 3+1")
   C. Python 函数定义中没有对参数指定类型,这说明参数在函数中可以当作任意类型使用
   D. Python 中,def 和 return 是函数必须使用的保留字

7. 关于函数的参数传递(parameter passing),以下选项中描述错误的是_____。
   A. 形式参数是函数定义时提供的参数
   B. 函数调用时,需要将形式参数传递给实际参数
   C. Python 参数传递时不构造新数据对象,而是让形式参数和实际参数共享同一对象
   D. 实际参数是函数调用时提供的参数

8. 下面代码的运行结果是_____。
    def func(num):
        num += 1
    a = 10
    func(a)
    print(a)

    A. 10   B. int   C. 出错   D. 11

9. 下面代码的输出结果是_____。
    def func(a,b):
        a *= b
        return a
    s = func(5,2)
    print(s)

    A. 20   B. 12   C. 1   D. 10

10. 下面代码的输出结果是_____。
    def fib(n):
        a,b = 1,1
        for i in range(n-1):
            a,b = b,a+b
        return a
    print(fib(7))

    A. 5   B. 21   C. 13   D. 8

11. 下面代码的输出结果是_____。
    def exchange(a,b):
        a,b = b,a
        return (a,b)
    x = 10
    y = 20
    x,y = exchange(x,y)
    print(x,y)

    A. 20 10   B. 20 20   C. 10 10   D. 20,10

12. 下列程序执行后，y 的值是_____。
    def f(x,y):
        return x**2+y**2
    y=f(f(1,3),5)

    A. 100   B. 125   C. 35   D. 9

二、填空题

1. 函数定义时确定的参数称为_____，而函数调用时提供的参数称为_____。
2. 没有 return 语句的函数将返回_____。

7.3 函数的参数

一、单选题

1. 下面代码的输出结果是_____。
   ```
   def f2(a):
       if a > 33:
           return True
   li = [11, 22, 33, 44, 55]
   res = filter(f2, li)
   print(list(res))
   ```
   A. [44,55]　　　　B. [11,33,55]　　C. [22,33,44]　　D. [33,44,55]

2. 关于函数的关键字参数使用限制,以下选项中描述错误的是_____。
   A. 关键字参数必须位于位置参数之前　　B. 关键字参数顺序无限制
   C. 不得重复提供实际参数　　　　　　　D. 关键字参数必须位于位置参数之后

3. 下面代码的执行结果是_____。
   ```
   >>> def area(r, pi = 3.14159):
           return pi * r * r
   >>> area(3.14, 4)
   ```
   A. 出错　　　　　B. 50.24　　　　C. 39.4384　　　D. 无输出

4. 下面代码的执行结果是_____。
   ```
   >>> def area(r, pi = 3.14159):
           return pi * r * r
   >>> area(pi = 3.14, r = 4)
   ```
   A. 出错　　　　　B. 50.24　　　　C. 39.4384　　　D. 无输出

5. 关于下面代码,以下选项中描述正确的是_____。
   ```
   def fact(n, m=1):
       s = 1
       for i in range(1, n+1):
           s *= i
       return s//m
   print(fact(m=5, n=10))
   ```
   A. 参数按照名称传递　　　　　　B. 按可变参数调用
   C. 执行结果为10886400　　　　　D. 按位置参数调用

6. 执行下面代码,错误的是_____。
   ```
   def f(x, y = 0, z = 0):
       pass        # 空语句,定义空函数体
   ```
   A. f(1, 2, 3)　　B. f(1)　　　C. f(1, , 3)　　D. f(1, 2)

7. 执行下面的代码,以下选项中正确的是_____。
   ```
   def f(x, y = 0, z = 0):
   ```

    pass   # 空语句,定义空函数体
  A. f(1, x = 1, z = 3)   B. f(1, y = 2, t = 3)
  C. f(x = 1, y = 2, z = 3)   D. f(x = 1, 2)

8. 关于函数的参数,以下选项中描述错误的是_____。

  A. 在定义函数时,如果有些参数存在默认值,可以在定义函数时直接为这些参数指定默认值

  B. 一个元组可以传递给带有星号的可变参数

  C. 可选参数可以定义在非可选参数的前面

  D. 在定义函数时,可以设计可变数量参数,通过在参数前增加星号(*)实现

9. 以下选项中,对于函数的定义错误的是_____。

  A. def vfunc(a,b=2)：   B. def vfunc(*a,b)：
  C. def vfunc(a,*b)：   D. def vfunc(a,b)：

10. 下面代码的执行结果是_____。

    def greeting(args1, *tupleArgs, **dictArgs)：
      print(args1)
      print(tupleArgs)
      print(dictArgs)
    names = ['HTY', 'LFF', 'ZH']
    info = {'schoolName' : 'NJRU', 'City' : 'Nanjing'}
    greeting('Hello,', *names, **info)

  A. 出错

  B. Hello,
   ('HTY', 'LFF', 'ZH')
   {'schoolName' : 'NJRU', 'City' : 'Nanjing'}

  C. ['HTY', 'LFF', 'ZH']

  D. 无输出

11. 分析下面代码的运行结果_____。

    def Sum(a, b=6, c=8)：
      print(a,b,c)
    Sum(a=2, c=3)

  A. 2 3   B. 2 3 8   C. 2 6 8   D. 2 6 3

12. 分析下面代码的运行结果_____。

    def Sum(a, b=6, c=8)：
      print(a,b,c)
    Sum(2)

  A. 2   B. 2 6 8   C. 2,6,8   D. 2,0,0

13. 分析下面代码的运行结果_____。

    def Sum(a, b=6, c=8)：
      print(a,b,c)
    Sum(2,4)

A. 2 4　　　　B. 2 4 8　　　C. 2 6 8　　　D. 2 4 6

14. 以下程序的输出结果是_____。

    def fun1(a,b,*args):
        print(a)
        print(b)
        print(args)
    fun1(1,2,3,4,5,6)

A. 1
2
[3,4,5,6]

B. 1,2,3,4,5,6

C. 1
2
3,4,5,6

D. 1
2
(3,4,5,6)

二、填空题

1. 已知函数定义

    def demo(x, y, op):
        return eval(str(x)+op+str(y))

   那么表达式 demo(3,5,'-')的值为_____。

2. 已知函数定义

    def func(*p):
        return sum(p)

   那么表达式 func(1,2,3) 的值为_____。

3. 已知函数定义

    def func(**p):
        return sum(p.values())，那么表达式 func(x=1, y=2, z=3) 的值为_____。

4. 已知函数定义

    def func(**p):
        return ''.join(sorted(p))

   那么表达式　func(x=1, y=2, z=3)的值为_____。

7.4　lambda 函数

一、单选题

1. 关于 lambda 函数,以下选项中描述错误的是_____。
    A. lambda 函数也称为匿名函数
    B. lambda 不是 Python 的保留字
    C. 定义了一种特殊的函数
    D. lambda 函数将函数名作为函数结果返回

2. 关于 Python 的 lambda 函数,以下选项中描述错误的是_____。
    A. lambda 用于定义简单的、能够在一行内表示的函数

B. lambda 函数可作为某个函数的返回值
C. f = lambda x,y:x+y 执行后,f 的返回值类型为数字类型
D. 可以使用 lambda 函数定义列表的排序原则

3. 下面代码的输出结果是_____。
   >>> f=lambda x,y:y+x
   >>> f(10,10)
   A. 10   B. 100   C. 10,10   D. 20

4. 已知 f=lambda x,y:x+y,则 f([4],[1,2,3])的值是_____。
   A. [1,2,3,4]   B. 10   C. [4,1,2,3]   D. {1,2,3,4}

5. 下面代码的输出结果是_____。
   MA = lambda x,y : (x > y) * x + (x < y) * y
   MI = lambda x,y : (x > y) * y + (x < y) * x
   a = 10
   b = 20
   print(MA(a,b))
   print(MI(a,b))

   A. 20   B. 20
      10   20
   C. 10   D. 10
      10   20

6. 下列语句的运行结果是_____。
   f1=lambda x:x*2
   f2=lambda x:x**2
   print(f1(f2(2)))
   A. 2   B. 4   C. 6   D. 8

7. 关于 Python 的 lambda 函数,以下选项中描述错误的是_____。
   A. 可以使用 lambda 函数定义列表的排序原则
   B. f = lambda x,y:x+y 执行后,f 的返回值类型为列表类型
   C. lambda 函数将函数名作为函数结果返回
   D. lambda 函数可以出现在列表中作为列表元素

8. 下面程序的输出结果为_____。
   f=lambda x:x**2
   print(f(f(2)))
   A. 4   B. 8   C. 16   D. 出错

9. 表达式 list(filter(lambda x: x % 2 != 0, range(10,20)))运算结果是_____。
   A. [10, 12, 14, 16, 18]
   B. [11, 13, 15, 17, 19]
   C. [10, 12, 14, 16, 18, 20]
   D. [10, 11, 12, 13, 14, 15, 16, 17, 18, 19]

二、填空题

1. 已知 f = lambda x：5,那么表达式 f(3)的值为_____。
2. 设有 f＝lambda x,y:{x:y},则 f(5,10)的值是_____。
3. 已知 g = lambda x, y＝3, z＝5：x * y * z,则语句 print(g(1)) 的输出结果为_____。
4. 表达式 list(filter(lambda x:x>2, [0,1,2,3,0,0])) 的值为_____。
5. 表达式 sorted(['abc', 'acd', 'ade'], key＝lambda x：(x[0],x[2])) 的值为_____。
6. 运行以下代码,输出结果为_____。

    lists＝[lambda x：x＋y for y in range(3)]
    a＝lists[0](2)
    b＝lists[1](2)
    c＝lists[2](2)
    print(a,b,c)

7.5 变量的作用域

一、单选题

1. 关于函数局部变量和全局变量的使用规则,以下选项中描述错误的是_____。
    A. 对于基本数据类型的变量,无论是否重名,局部变量与全局变量不同
    B. return 不可以传递任意多个函数局部变量返回值
    C. 对于组合数据类型的变量,如果局部变量未真实创建,则是全局变量
    D. 可以通过 global 保留字在函数内部声明全局变量
2. 在 Python 中,关于全局变量和局部变量,以下选项中描述不正确的是_____。
    A. 一个程序中的变量包含两类:全局变量和局部变量
    B. 全局变量不能和局部变量重名
    C. 全局变量在程序执行的全过程有效
    D. 全局变量一般没有缩进
3. 给出如下代码：

    def fact(n)：
        s = 1
        for i in range(1,n+1)：
            s *= i
        return s

    以下选项中描述错误的是_____。
    A. 代码中 n 是可选参数
    B. range()函数是 Python 内置函数
    C. s 是局部变量
    D. fact(n)函数功能为求 n 的阶乘
4. 给出如下代码：

    def func(a,b)：
        c＝a**2＋b

                b=a
            return c
        a=10
        b=100
        c=func(a,b)+a
以下选项中描述错误的是_____。
A. 执行该函数后,变量 c 的值为 200   B. 执行该函数后,变量 a 的值为 10
C. 执行该函数后,变量 b 的值为 100   D. 该函数名称为 func

5. 给出如下代码:
        ls = ["car","truck"]
        def funC(a):
            ls.append(a)
            return
        funC("bus")
        print(ls)
以下选项中描述错误的是_____。
A. ls.append(a) 代码中的 ls 是全局变量
B. funC(a)中的 a 为非可选参数
C. ls.append(a) 代码中的 ls 是列表类型
D. 执行代码输出结果为[' car', ' truck']

6. 给出如下代码:
        ls = ["car","truck"]
        def funC(a):
            ls =[]
            ls.append(a)
            return
        funC("bus")
        print(ls)
以下选项中描述错误的是_____。
A. 代码函数定义中,ls.append(a)中的 ls 是局部变量
B. 执行代码输出结果为[' car', ' truck', ' bus']
C. ls.append(a) 代码中的 ls 是列表类型
D. 执行代码输出结果为[' car', ' truck']

7. 假设函数中不包括 global 保留字,对于改变参数值的方法,以下选项中错误的是_____。
A. 参数是列表类型时,改变原参数的值
B. 参数的值是否改变与函数中对变量的操作有关,与参数类型无关
C. 参数是组合类型(可变对象)时,改变原参数的值
D. 参数是整数类型时,不改变原参数的值

8. 以下程序的输出结果是_____。

    s=10
    def run(n):
        global s
        for i in range(n):
            s+=i
        return s
    print(s,run(5))

   A. 10 20
   C. 10 10
   B. Unfound Local Error
   D. 20 20

9. 程序运行后,依次输入10、20,则输出结果是_____。

    def f(x,y):
        s=x+y
        print(s)
    a=eval(input())
    b=eval(input())
    print(a,b,f(a,b))

   A. 10 20 30
      30
   C. 10 20 None
      30
   B. 30
      10 20 None
   D. 10 20 30

10. 以下程序的输出结果是_____。

    s=10
    def run(n):
        global s
        for i in range(n):
            s+=i
        return s
    print(run(5),s)

    A. 10 20
    C. Unbound Local Error
    B. 20 20
    D. 10 10

11. 以下程序的输出结果是_____。

    def test(b=2, a=4):
        global z
        z+=a*b
        return z
    z=10
    print(z,test())

    A. 18 None
    C. Unbound Local Error
    B. 10 18
    D. 18 18

12. 以下程序的输出结果是_____。
    fr = []
    def myf(frame):
        fa = ['12','23']
        fr = fa
    myf(fr)
    print(fr)
    A. ['12','23']   B. '12','23'
    C. 12 23   D. []

13. 以下程序的输出结果是_____。
    img1 = [12,34,56,78]
    img2 = [1,2,3,4,5]
    def displ():
        print(img1)
    def modi():
        img1 = img2
    modi()
    displ()
    A. [1,2,3,4,5]   B. [12,34,56,78]
    C. 12,34,56,78   D. 1,2,3,4,5

二、填空题

1. 函数内部定义的变量，称为_____变量。
2. 函数外部定义的变量，称为_____变量。
3. 在局部变量（包括形参）和全局变量同名的时候，_____变量屏蔽_____变量，简称"局部优先"。
4. 使用关键字_____可以在一个函数中设置一个全局变量。
5. 下列程序的输出结果是_____。
    counter=1
    num=0
    def Testvariable():
        global counter
        for I in (1,2,3):counter+=1
        num=10
    Testvariable()
    print(counter,num)

7.6 函数的递归调用

一、单选题

1. 以下选项中,对于递归程序的描述错误的是_____。
   A. 递归程序结构简单明了
   B. 递归程序都可以有非递归编写方法
   C. 递归程序必须有一到多个递归出口
   D. 执行效率高

2. 关于递归函数基例的说明,以下选项中错误的是_____。
   A. 递归函数必须有基例
   B. 递归函数的基例决定递归的深度
   C. 每个递归函数都只能有一个基例
   D. 递归函数的基例不再进行递归

3. 关于递归函数的描述,以下选项中正确的是_____。
   A. 包含一个循环结构
   B. 函数名称作为返回值
   C. 函数内部包含对本函数的再次调用
   D. 函数比较复杂

4. 下面代码实现的功能描述为_____。
   ```
   def fact(n):
       if n==0:
           return 1
       else:
           return n*fact(n-1)
   num=eval(input("请输入一个整数:"))
   print(fact(abs(int(num))))
   ```
   A. 接受用户输入的整数 N,输出 N 的阶乘值
   B. 接受用户输入的整数 N,判断 N 是否是水仙花数
   C. 接受用户输入的整数 N,判断 N 是否是完数并输出结论
   D. 接受用户输入的整数 N,判断 N 是否是素数并输出结论

5. _____函数是指直接或间接调用函数本身的函数。
   A. 匿名　　　B. 闭包　　　C. lambda　　　D. 递归

二、填空题

1. 在 Python 中,一个函数既可以调用另一个函数,也可以调用它自己,如果一个函数调用了_____,就称为递归。

2. 每个递归函数必须包含两个主要部分:_____和递归步骤。

7.7 综合应用

一、程序改错题

1. 有 5 个人坐在一起,问第五个人多少岁。他说比第四个人大 2 岁。问第四个人岁数,他说比第三个人大 2 岁。问第三个人,又说比第二个人大 2 岁。问第二个人,说比第一个人大 2 岁。最后问第一个人,他说是 10 岁。请问第五个人多大?请改正程序中

的错误,使它能得出正确的结果。

```
def age(n):
#**********ERROR*********
    if n = 1:
        c = 10
    else:
#**********ERROR*********
        c = age(n) + 2
    return c


#**********ERROR*********
print(age())
```

2. 把 4 到 20 中所有的偶数分解成两个素数的和。例如:6＝3＋3,20＝3＋17 等。

```
def prime(n):
    result=True
    for i in range(2, n):
        if n%i == 0:
            result=False
            break
#**********ERROR*********
    print(result)
def main():
    for i in range(4, 20+1, 2):
#**********ERROR*********
        for j in range(2, i//2):
#**********ERROR*********
            if prime(j) or prime(i-j):
                print("{:^4}={:^4}+{:^4}".format(i, j, i-j))
                break
if __name__=="__main__":
    main()
```

3. 按升序输出 100～999 间的水仙花数。

```
def narcissus(n):
    result=False
    a=n//100
    b=(n-a*100)//10
#**********ERROR*********
    c=n/10
    if a**3+b**3+c**3==n:
        result=True
    return result
```

```
    def main():
        lst=[i for i in range(100,1000)]
#**********ERROR**********
        f = lambda : narcissus(x)
        lst2=[i for i in filter(f, lst)]
        s=set(lst2)
        print("100～999 间的水仙花数有：")
#**********ERROR**********
        print(s.sort())

    if __name__=="__main__":
        main()
```

4. 提取一句英文句子的首字母缩略词。缩略词是一个单词，是从一句英文句子中每一个单词取首字母组合而成的，且要求大写。例如："Where do you come from, anyway?"的缩略词是"WDYCFA"。

```
    def fun(s):
        lst = s.split()
#**********ERROR**********
        return [x[0].lower() for x in lst]

    def main():
        sentence=input("请输入一句英文句子：")
        for c in sentence:
            ch=",.;'\"?!"
#**********ERROR**********
            if c not in ch:
                sentence=sentence.replace(c," ")
#**********ERROR**********
        print("".split(fun(sentence)))

    if __name__=="__main__":
        main()
```

5. 下面程序编写了函数 calSum，并通过此函数求 $(2+3+\cdots+19+20)+(31+32+\cdots+99+100)$ 的和。

```
    def calSum(n1,n2):
#**********ERROR**********
        sum = 2+31
#**********ERROR**********
        for i in range(n1, n2):
            sum += i
#**********ERROR**********
        return calSum
    print("sum=", calSum(2, 20) + calSum(31, 100))
```

6. 下面程序利用函数的可变参数统计人数和。

```
def commonMultiple(**d):    # d为可变参数
    total = 0
    print(d)
#**********ERROR**********
    for key in **d:
#**********ERROR**********
        total += key
    return total
#**********ERROR**********
print(commonMultiple(group1:5, group2:20))
```

7. 小明做打字测试,请编写程序计算小明输入字符串的准确率。

```
def rate(origin, userInput):
#**********ERROR**********
    right = 100%
    for origin_char, user_char in zip(origin, userInput):
#**********ERROR**********
        if origin_char != user_char:
            right += 1;
#**********ERROR**********
    return right/origin
origin = 'Your smile will make my whole world bright.'
print(origin)
userInput = input("输入：")
if len(origin) != len(userInput):
    print("字符串长度不一致，请重新输入")
else:
    print("准确率为：{:.2%}".format(rate(origin, userInput)))
```

二、程序填空题

1. 该程序是求阶乘的累加和 s。其中函数 cal(n)用于求 n!

$$S = 0! + 1! + 2! + \cdots + n!$$

```
def cal(n):
    pro=1
#**********SPACE**********
    for i in range(_____):
#**********SPACE**********
        pro=_____
    return pro

n=int(input("请输入一个正整型数值n:"))
s=0
```

```
#*********SPACE*********
    for i in range(0,_____):
#*********SPACE*********
        s=_____
    print(s)
```

2. 如下函数同时返回两个数的平方差以及两数差的绝对值，请补充横线处代码。
   输出示例：
   3
   4
   平方差为：-5,差的绝对值为:1

```
          #**********SPACE**********
          def psum(_____):
              a=m*m-n*n
              b=_____
          #**********SPACE**********
              return a,b

          a=int(input(""))
          b=int(input(""))
          f=psum(a,b)
          #**********SPACE**********
          print("平方差为：{}，差的绝对值为：{}".format(_____))
```

3. 八进制转换为十进制。
```
    def batoshi(num):
        count=0
        j=len(num)-1
#*********SPACE*********
        for each_ch in _____:
#*********SPACE*********
            count+=pow(_____)*int(each_ch)
            j-=1
#*********SPACE*********
        return _____

    m = input("请输入一个八进制数：")
#*********SPACE*********
    print("转成10进制数为：",batoshi(_____))
```

4. 下面的程序是用递归法求 1！+3！+5！+…+n！的和。其中函数 jie(n)用于求 n!,函数 sum 求累加和。

```
def jie(n):
    if n==1:
        return 1
    else:
#**********SPACE**********
        return _____

def sum(n):
    if n==1:
#**********SPACE**********
        return jie(_____)
    else:
#**********SPACE**********
        return jie(n)+sum(_____)

n=int(input("请输入一个奇数正整数n: "))
#**********SPACE**********
print("公式的和为: ",_____)
```

5. 以下程序代码的功能是，函数 func 通过参数 n 和 jz,将十进制数 n 转换为 jz 进制数，主程序调用该函数并用内置函数验证结果。

```
#**********SPACE**********
def func(_____):
    if n<jz :
#**********SPACE**********
        return (str(n) if _____ else chr(ord("a")+n-10))
    else:
#**********SPACE**********
        t=_____
        n=n//jz
        return func(n, jz)+(str(t) if t<10 else chr(ord("a")+t-10))

n=123; jz=2
print(n,func(n, jz),bin(n))

n=123; jz=8
print(n,func(n),oct(n))

n=123; jz=16
print(n,func(n, jz),hex(n))
```

三、编程题

1. 从键盘输入一个四位的年份,请编写 fun 函数,其功能为判断该年是否为闰年。

    闰年的条件是:

    (1)能被 4 整除但不能被 100 整除。

    (2)能被 400 整除。符合任何一个条件就是闰年。

    (3)输入年份为整型。

    例如:括号内是说明

    　　输入:

    　　　2000　(year＝2000)

    　　输出:

    　　　2000 是闰年

    ```
    def fun(year):
    #*********Program*********


    #********** End **********

    print("请连续四次判断输入的某一年是否为闰年：")

    for n in range(4):
        print("第{}次： ".format(n+1))
        year = int(input("请输入一个年份："))
        if fun(year):
            print("{0}是【闰年】".format(year))
        else:
            print("{0}不是【闰年】".format(year))
    ```

2. 补充 calcSn()函数,求 Sn＝1－3＋5－7＋9－11＋…。

    说明:Sn 中的 n 为用户输入的正整数,表示运算到第几项。

    ```
    def calcSn(n):
    #*********Program*********



    #********** End **********
    print("【请分别三次计算公式Sn的值：】")
    for i in range(3):
        print("【第{}次：】".format(i+1))
        n = int(input("【请输入正整数n：】"))
        print( "S", n,"=",calcSn(n))
    ```

3. 请编写 fun 函数,输入一个以回车结束的字符串(少于 80 个字符),将它的内容逆序输出。如"ABCD"的逆序为"DCBA"。

    要求:fun 函数中使用递归算法且包含输出语句。

    例如:

输入:
  Welcome to you!
输出:
  ！uoy ot emocleW

```
def fun(strinfo, index):
    #*********Program*********



    #********* End *********
s = input('【输入一个以回车结束的字符串(少于80个字符):】')
while True:
    if len(s)<80:
        fun(s, 0)
        break
    else:
        s=input("【输入错误，请重新输入:】")
```

4. 编写函数 fun,求 $Sn=a+aa+aaa+\cdots+aa\cdots a$ 之值,其中 a 代表 1 到 9 中的一个数字。

   要求:采用递归算法。

   例如:a 代表 2,则求 $2+22+222+2222+22222$(此时 n=5),a 和 n 由键盘输入。

```
def fun(n,a):
    #*********Program*********



    #********* End *********
print("【请连续三次计算公式的值：】")
for n in range(3):
    print("【第{}次：】".format(n+1))
    a=int(input("【请输入 1-10 之间的数字a：】"))
    n=int(input("【请输入数字的个数n：】"))
    sum=0
    for i in range(1,n+1):
        sum=sum+fun(i,a)
    print("【sum=】",sum)
```

5. 输入一个正整数 repeat (0< repeat <10),做 repeat 次下列运算:输入两个正整数 m 和 n(1<=m,n<=10 000),输出 m 到 n 之间所有的 Fibonacci 数。

   说明:Fibonacci 序列(第一项起):1 1 2 3 5 8 13 21……

   要求:定义并调用函数 fib(n),使用递归算法,它的功能是返回第 n 项 Fibonacci 数,例如,fib(7)的返回值是 13。

   例如:括号内是说明

   输入:

```
    3                       (repeat＝3)
    1 10                    (m＝1，n＝10)
    20 100                  (m＝20，n＝100)
    1000 6000               (m＝1000，n＝6000)
输出：
    1 1 2 3 5 8             （1 到 10 之间的 Fibonacci 数）
    21  34  55  89          （20 到 100 之间的 Fibonacci 数）
    1597  2584  4181        （1000 到 6000 之间的 Fibonacci 数）
def fib (z):
    #*********Program*********

    #********* End *********
repeat=int(input("【请输入一个正整数 repeat：】"))
for i in range(1,repeat+1):
    m = int(input("【请输入一个正整数 m：】"))
    n = int(input("【请输入一个正整数 n：】"))
    if m < 1:
        print("【必须输入正数】")

    elif n <= m:
        print("【n必须大于m】")
    elif n > 10000:
        print("【n不能大于10000】")
    else:
        print('【{}到{}之间的Fibonacci数为：】'.format(m, n), end=" ")
        i = 1
        while fib (i) <= n:
            if fib (i) >= m:
                print("{}".format(fib(i)),end="   ")
            i += 1
        else:
            print('')
            continue
```

第 8 章 文 件

8.1 文件的操作

一、单选题

1. 在读写文件之前,用于创建文件对象的函数是_____。
   A. open　　　　　　B. create　　　　　　C. file　　　　　　D. folder
2. 关于 Python 对文件的处理,以下选项中描述错误的是_____。
   A. Python 能够以文本和二进制两种方式处理文件
   B. 文件使用结束后要用 close()方法关闭,释放文件的使用授权
   C. 当文件以文本方式打开时,读写按照字节流方式
   D. Python 通过解释器内置的 open()函数打开一个文件
3. 关于语句 f=open('demo.txt',' r'),下列说法不正确的是_____。
   A. demo.txt 文件必须已经存在
   B. 只能从 demo.txt 文件读数据,而不能向该文件写数据
   C. 只能向 demo.txt 文件写数据,而不能从该文件读数据
   D. "r"方式是默认的文件打开方式
4. 关于 Python 文件打开模式的描述,以下选项中错误的是_____。
   A. 只读模式 r　　　　　　　　　　B. 创建写模式 n
   C. 追加写模式 a　　　　　　　　　D. 覆盖写模式 w
5. 当打开一个不存在的文件时,以下选项中描述正确的是_____。
   A. 一定会报错　　　　　　　　　　B. 文件不存在则创建文件
   C. 不存在文件无法被打开　　　　　D. 根据打开类型不同,可能不报错
6. 关于 Python 文件的'+'打开模式,以下选项中描述正确的是_____。
   A. 只读模式
   B. 与 r/w/a 一同使用,在原功能基础上增加同时读写功能
   C. 追加写模式
   D. 覆盖写模式
7. 以下选项中,不是 Python 对文件的打开模式的是_____。
   A. 'r'　　　　　　　B. 'c'　　　　　　　C. '+'　　　　　　　D. 'w'
8. 以下选项中,不是 Python 文件打开的合法模式组合是_____。
   A. "r+"　　　　　　B. "a+"　　　　　　C. "t+"　　　　　　D. "w+"
9. 关于文件关闭的.close()方法,以下选项中描述正确的是_____。
   A. 文件处理结束之后,一定要用.close()方法关闭文件
   B. 文件处理遵循严格的打开—操作—关闭模式
   C. 文件处理后可以不用.close()方法关闭文件,程序退出时会默认关闭
   D. 如果文件是只读方式打开,仅在这种情况下可以不用.close()方法关闭文件

10. 以下选项中,不是 Python 中文件操作的相关函数或方法的是_____。
    A. open()　　　　B. write()　　　　C. read()　　　　D. load()
11. Python 语句:f = open(),以下选项中对 f 的描述错误的是_____。
    A. f 是文件句柄,用来在程序中表达文件
    B. f 是一个 Python 内部变量类型
    C. 将 f 当作文件对象,f.read()可以读入文件全部信息
    D. 表达式 print(f)执行将报错
12. 以下选项中,不是 Python 对文件的读操作方法的是_____。
    A. read　　　　B. readtext　　　　C. readlines　　　　D. readline
13. 以下选项中,不是 Python 中文件操作的相关函数或方法的是_____。
    A. write()　　　　B. writeline()　　　　C. readlines()　　　　D. open()
14. 给出如下代码:

    ```
    fname = input("请输入要打开的文件：")
    fi = open(fname, "r")
    for line in fi.readlines():
        print(line)
    fi.close()
    ```

    以下选项中描述错误的是_____。
    A. 用户输入文件路径,以文本文件方式读入文件内容并逐行打印
    B. 上述代码中 fi.readlines()可以优化为 fi
    C. 通过 fi.readlines()方法将文件的全部内容读入一个列表 fi
    D. 通过 fi.readlines()方法将文件的全部内容读入一个字典 fi
15. 关于下面代码中的变量 x,以下选项中描述正确的是_____。

    ```
    fo = open(fname, "r")
    for x in fo:
        print(x)
    fo.close()
    ```

    A. 变量 x 表示文件中的一个字符　　　　B. 变量 x 表示文件中的一组字符
    C. 变量 x 表示文件中的全体字符　　　　D. 变量 x 表示文件中的一行字符
16. 两次调用文件的 write 方法,以下选项中描述正确的是_____。
    A. 连续写入的数据之间默认采用空格分隔
    B. 连续写入的数据之间无分隔符
    C. 连续写入的数据之间默认采用换行分隔
    D. 连续写入的数据之间默认采用逗号分隔
17. 表达式 writelines(lines)能够将一个元素是字符串的列表 lines 写入文件,以下选项中描述正确的是_____。
    A. 列表 lines 中各元素之间默认采用空格分隔
    B. 列表 lines 中各元素之间无分隔符
    C. 列表 lines 中各元素之间默认采用换行分隔
    D. 列表 lines 中各元素之间默认采用逗号分隔

18. 执行如下代码：

    ```
    fname = input("请输入要写入的文件：")
    fo = open(fname, "w+")
    ls = ["清明时节雨纷纷,","路上行人欲断魂,","借问酒家何处有?",
          "牧童遥指杏花村。"]
    fo.writelines(ls)
    fo.seek(0)
    for line in fo:
        print(line)
    fo.close()
    ```

    以下选项中描述错误的是_____。
    A. 执行代码时,从键盘输入"清明.txt",则清明.txt 被创建
    B. 代码主要功能为向文件写入一个列表类型,并打印输出结果
    C. fo.seek(0)这行代码可以省略,不影响输出效果
    D. fo.writelines(ls)将元素全为字符串的 ls 列表写入文件

19. 以下选项中,不是 Python 文件处理.seek()方法的 whence 参数值是_____。
    A. 0   B. 2   C. 1   D. -1

20. 下列程序的输出结果是_____。

    ```
    f=open('f.txt','w')
    f.writelines(['python programming.'])
    f.close()
    f=open('f.txt','rb')
    f.seek(10,1)
    print(f.tell())
    ```

    A. 1   B. 10   C. gramming   D. Python

21. 以下程序的功能是：

    s = "What\' s a package, project, or release? We use a number of terms to describe software available on PyPI, like project, release, file, and package. Sometimes those terms are confusing because they\' re used to describe different things in other contexts. Here' s how we use them on PyPI：A project on PyPI is the name of a collection of releases and files, and information about them. Projects on PyPI are made and shared by other members of the Python community so that you can use them. A release on PyPI is a specific version of a project. For example, the requests project has many releases, like requests 2.10 and requests 1.2.1. A release consists of one or more files. A file, also known as a package, on PyPI is something that you can download and install. Because of different hardware, operating systems, and file formats, a release may have several files (packages), like an archive containing source code or a binary wheel."

```
            s = s.lower()
            for ch in '\',?.:()':
                s = s.replace(ch," ")
            words = s.split()
            counts = {}
            for word in words:
                counts[word] = counts.get(word,0)+1
            items = list(counts.items())
            items.sort(key=lambda x:x[1],reverse = True)
            fo = open("wordnum.txt","w",encoding ="utf-8")
            for i in range(10):
                word,count = items[i]
                fo.writelines( word + ":" + str(count) + "\n")
            fo.close()
```

A. 统计字符串 s 中所有单词的出现次数，将单词和次数写入 wordnum.txt 文件

B. 统计字符串 s 中所有字母的出现次数，将单词和次数写入 wordnum.txt 文件

C. 统计输出字符串 s 中前 10 个字母的出现次数，将单词和次数写入 wordnum.txt 文件

D. 统计字符串 s 中前 10 个高频单词的出现次数，将单词和次数写入 wordnum.txt 文件

二、填空题

1. 根据文件数据的组织形式，Python 的文件可分为_____文件和_____文件。一个 Python 程序文件是一个_____文件，一幅 jpg 图像文件是一个_____文件。

2. Python 内置函数_____用来打开或创建文件并返回文件对象。

3. Python 提供了_____、_____和_____方法用于读取文本文件的内容。

4. seek(0)将文件指针定位于_____，seek(0,1)将文件指针定位于_____，seek(0,2)将文件指针定位于_____。

5. Python 标准库 os.path 中用来判断指定文件是否存在的方法是_____。

6. Python 标准库 os 中用来列出指定文件夹中的文件和子文件夹列表的方式是_____。

7. 使用上下文管理关键字_____可以自动管理文件对象，不论何种原因结束该关键字中的语句块，都能保证文件被正确关闭。

8.2 csv 文件操作

一、单选题

1. 以下选项中，对 csv 格式的描述正确的是_____。

    A. csv 文件以英文逗号分隔元素

    B. csv 文件以英文特殊符号分隔元素

    C. csv 文件以英文分号分隔元素

    D. csv 文件以英文空格分隔元素

2. 关于 csv 文件的描述，以下选项中错误的是_____。
   A. csv 文件格式是一种通用、相对简单的文件格式，应用于程序之间转移表格数据
   B. 整个 csv 文件是一个二维数据
   C. csv 文件通过多种编码表示字符
   D. csv 文件的每一行是一维数据，可以使用 Python 中的列表类型表示

3. 以下文件操作方法中，不能向 csv 格式文件写入数据的是_____。
   A. write   B. seek 和 write
   C. writeline   D. writelines

4. 以下选项对应的方法可以用于从 csv 文件中解析一二维数据的是_____。
   A. split()   B. exists()   C. format()   D. join()

5. 能实现将一维数据写入 CSV 文件中的是_____。
   A. fo = open("price2016bj.csv", "w")
      ls = [' AAA', ' BBB', ' CCC', ' DDD']
      fo.write(",".join(ls) + "\n")
      fo.close()

   B. fr = open("price2016.csv", "w")
      ls = []
      for line in fo：
          line = line.replace("\n","")
          ls.append(line.split(","))
      print(ls)
      fo.close()

   C. fo = open("price2016bj.csv", "r")
      ls = [' AAA', ' BBB', ' CCC', ' DDD']
      fo.write(",".join(ls) + "\n")
      fo.close()

   D. fname = input("请输入要写入的文件：")
      fo = open(fname, "w+")
      ls = ["AAA", "BBB", "CCC"]
      fo.writelines(ls)
      for line in fo：
          print(line)
      fo.close()

6. 设 city.csv 文件内容如下：

   巴哈马,巴林,孟加拉国,巴巴多斯
   白俄罗斯,比利时,伯利兹

   下面代码的执行结果是：

   f = open("city.csv", "r")
   ls = f.read().split(",")
   f.close()

print(ls)

A. ['巴哈马', '巴林', '孟加拉国', '巴巴多斯\n 白俄罗斯', '比利时', '伯利兹']
B. ['巴哈马，巴林，孟加拉国，巴巴多斯，白俄罗斯，比利时，伯利兹']
C. ['巴哈马', '巴林', '孟加拉国', '巴巴多斯', '\n', '白俄罗斯', '比利时', '伯利兹']
D. ['巴哈马', '巴林', '孟加拉国', '巴巴多斯', '白俄罗斯', '比利时', '伯利兹']

二、填空题

1. 使用 csv 模块的_____方法,可以一次性将一行数据写入文件,且各个数据项自动使用英文_____分隔。
2. 使用 csv 模块的_____方法,可以一次性将多行数据写入文件。

8.3 综合应用

一、程序改错题

从键盘输入一些字符串,逐个把它们送到磁盘文件中去,直到输入一个#为止。

```
filename = input('输入文件名:\n')
#**********ERROR**********
fp = open(filename , "r")
ch = ''
while '#' not in ch:
#**********ERROR**********
    fp. print (ch)
    ch = input('输入字符串:\n')
fp.close()
```

二、程序填空题

1. 从键盘输入一个字符串,将小写字母全部转换成大写字母,然后输出到一个磁盘文件"test"中保存。输入的字符串以！结束。

```
# ********** SPACE **********
fp = open(' d:\\test. txt',_____)
string = input('请输入一个字符串:\n')
# ********** SPACE **********
string = string._____
fp. write(string)
# ********** SPACE **********
fp = open(' d:\\test. txt',_____)
print(fp. read())
# ********** SPACE **********
fp._____
```

2. 打开一个文件 a. txt,如果该文件不存在则创建,存在则产生异常并报警。

```
try:
```

```
# ********** SPACE **********
    f = open(_____)
# ********** SPACE **********
    _____:
        print("文件存在,请小心读取!")
```

三、编程题

1. 在 D 盘根目录下创建一个文本文件 test.txt,并向其中写入字符串 hello world。
```
# ********** Program **********


# **********   End   **********
```

2. 假设当前文件夹中已存在的文件 draw.py 是一个 turtle 绘图的 Python 程序,内部采用了 import turtle 模式引入 turtle 库。请编写程序,以该文件为输入,修改源代码,输出对应的 import turtle as t 模式源代码,名称为 draw2.py,要求 draw2.py 运行结果与 draw.py 一致。

输出示例:输出对应的 import turtle as t 模式源代码,名称为 draw2.py
```
    fi = open("draw.py", "r", encoding='utf-8')
    fo = open("draw2.py", "w")
# ********** Program **********


# **********   End   **********
```

3. 假设文件夹中存在一个"字符.txt"文件。请编写程序,统计该文件中出现的所有中文字符及标点符号的数量,每个字符及数量之间用冒号:分隔,例如"笑:1024",将所有字符及数量的对应采用逗号分隔,保存到"字符统计.txt"文件中。

注意:统计字符不包括空格和回车。

输出示例:笑:10,傲:8,江:1,湖:6
```
    fi = open("字符.txt", "r")
    fo = open("字符统计.txt", "w")
# ********** Program **********


# **********   End   **********
    fo.write(",".join(ls))
    fi.close()
    fo.close()
```

4. 利用 os 模块,建立路径和文件,"D:\python\素数列表.txt"文件,将 1—1000 所有的素数写入"素数列表.txt",要求 10 个为一行写入。再通过读取该文件,计算每行的和,存入新文件"D:\python\每行素数的和.txt"中。
```
#**********Program**********


#**********   End   **********
```

第 9 章 文本分析

一、单选题

1. 以下不可以用来进行中文分词的函数是_____。
   A. lcut()　　　　　　　　　　　B. cut_for_search()
   C. split()　　　　　　　　　　　D. cut()
2. 在 Python 语言中，可以用来生成词云的第三方库是_____。
   A. numpy　　　B. wordcloud　　　C. jieba　　　D. turtle
3. 在词性标注表中，"ns"表示_____。
   A. 动词　　　B. 名词　　　C. 代词　　　D. 地名
4. 将句子中所有词语扫描出来的分词模式是_____。
   A. 精确模式　　　B. 全模式　　　C. 搜索引擎模式　　　D. paddle 模式
5. 以下函数返回值不是列表类型的是_____。
   A. cut()　　　　　　　　　　　B. lcut_for_search()
   C. lcut(s,cut_all=True)　　　　D. split()
6. 在精确模式的基础上，对长词再进行切分的分词函数是_____。
   A. lcut()　　　　　　　　　　　B. cut_for_search()
   C. cut(s,cut_all=True)　　　　 D. split()
7. 有关词性标注不正确的是_____。
   A. 词性是用来标注一个词在上下文中的作用
   B. 不同的语言有不同的词性标注集
   C. 词性标注是自然语言中一项重要的基础性工作
   D. 新加入词典的词必须设置词性标注
8. 下面不属于 Python 语言的标准库的是_____。
   A. jieba　　　B. turtle　　　C. random　　　D. math
9. 有关 wordcloud 库叙述正确的是_____。
   A. 不能自动对目标文本进行分词处理
   B. wordcloud 库可以用 pip install wordcloud 进行第三方库安装
   C. wordcloud 库把词云作为对象，可以将文本中词语出现次数作为参数绘制词云
   D. 用 wordcloud 库不可以设置去除词云中的屏蔽词
10. 有关 NLTK 库叙述正确的是_____。
    A. NLTK 是 Python 的标准库，可以用命令 import nltk 导入，不需要安装
    B. NLTK 是 Python 的标准库，可以用命令 import nltk 导入，需要安装
    C. NLTK 是 Python 的第三方库，可以用命令 import nltk 导入，不需要安装
    D. NLTK 是 Python 的第三方库，可以用命令 import nltk 导入，需要安装

二、填空题

1. 键盘输入一段中文文本，不含标点符号和空格，采用 jieba 库对其进行分词，输出该文

本中词语的平均长度,保留两位小数。

   _____
   txt = input('请输入一段文本:')
   _____
   print("{:.2f}".format(len(txt)/len(ls)))

2. 键盘输入一段中文文本,计算这段文本中中文字符(含中文标点符号)个数和中文词语个数。

  import jieba
  txt = _____('请输入一段文本:')
  n = _____
  m = _____
  print('中文字符数为{ },中文词语数为{ }.'.format(n,m))

3. 生成词云的两种基本方法是_____和_____。

4. 将新词添加到分词词典中的函数是_____。

5. 引入词性标注接口的命令是_____。

6. wordcloud 库函数中 fit_words() 的功能是_____,generate() 的功能是_____。

7. wordcloud 库函数中用来输出到文件的函数是_____。

8. wordcloud 库把词云当作一个_____对象,用来代表一个文本对应的词云。

第 10 章　网络爬虫

一、单选题

1. HTML 指的是_____。
    A. 超文本标记语言(Hyper Text Markup Language)
    B. 家庭工具标记语言(Home Tool Markup Language)
    C. 超链接和文本标记语言(Hyperlinks and Text Markup Language)
    D. 一种编程语言
2. 用 HTML 标记语言编写一个简单网页,网页最简单的结构是_____。
    A. ＜html＞＜head＞…＜/head＞＜frame＞…＜/frame＞＜/html＞
    B. ＜html＞＜title＞…＜/title＞＜body＞…＜/body＞＜/html＞
    C. ＜html＞＜title＞…＜/title＞＜frame＞…＜/frame＞＜/html＞
    D. ＜html＞＜head＞…＜/head＞＜body＞…＜/body＞＜/html＞
3. 以下用于请求网页的方式是_____。
    A. get()　　　　　　　　　　　　B. find()
    C. BeautifulSoup()　　　　　　　D. print()
4. 关于 Response 对象的 encoding 属性,下列说法正确的是_____。
    A. 只读,不可修改　　　　　　　B. 可读,可改
    C. 可以修改,只能改成"utf-8"格式　D. 不可读
5. 请求网页后,Response 对象的_____属性能反映这次请求的状态。
    A. content　　B. text　　C. status_code　　D. headers
6. 以下哪个函数库使用前需要先安装?_____。
    A. time　　　B. turtle　　C. math　　　D. bs4
7. 以下哪个对象不是 BeautifulSoup 的对象?_____。
    A. Tag　　　　　　　　　　　　B. BeautifulSoup
    C. NavigableString　　　　　　　D. text
8. 关于 BeautifulSoup 对象的 contents 和 children 属性,下列说法正确的是_____。
    A. contents 属性返回子节点的生成器
    B. children 属性返回子节点的列表
    C. children 属性只能返回子节点的生成器
    D. contents 属性只能返回当前对象的部分子节点
9. 要请求视频,用 Response 对象的_____属性。
    A. text　　　B. content　　C. video　　　D. string
10. 设有 BeautifulSoup 对象 soup:
    soup=bs4.BeautifulSoup('''＜span class="bg s_btn_wr"＞＜input class="bg s_btn" id="su" type="submit" value="百度一下"＞＜/span＞''')
    以下用法正确的是_____。

A. soup.find_all(input,class="bg s_btn")

B. soup.find_all("input",class_="bg s_btn")

C. find_all("input",attrs={"class":"bg s_btn"})

D. soup.find_all("input",attrs={class="bg s_btn",value="百度一下"})

二、填空题

1. IE 浏览器菜单中选择_____命令,可以查看网页的源代码。

2. URL 的中文名称是_____。

3. 标签指脚本中由_____包围起来的关键字。

4. 访问普通网页文本,可以用 response 对象的_____属性获得网页源码内容。

5. 访问网页后,response 对象的 status_code 属性值为_____,表示请求成功。

6. BeautifulSoup4 是 Python 的第三方库,用_____命令安装。

7. BeautifulSoup 对象的_____属性能取到包含在标签内的字符串。

8. BeautifulSoup 对象的_____属性能取到当前标签向后的兄弟标签。

9. 可以用_____属性获取当前标签的所有子节点,并以列表形式返回。

10. find()函数返回符合查找条件的第_____个对象。

第 11 章　图像处理

一、单选题

1. 对于不同大小的多张图片，需要将它们规范到统一的大小 1024×768 像素，使用下列_____方法可以实现。
   A. image 对象.crop()　　　　　　　B. image 对象.copy()
   C. image 对象.resize()　　　　　　D. image 对象.format()

2. 执行下列语句后：
   　　　from PIL import Image
   　　　im = Image.open("图片.jpg")
   　　　im = im.resize((150,100))

   可以将图像进行缩放，默认情况下，生成图像的重新采样方式为_____。
   A. PIL.Image.NEAREST　　　　　　B. PIL.Image.BOX
   C. PIL.Image.BILINEAR　　　　　　D. PIL.Image.BICUBIC

3. Image 类有个重要的属性 mode，表示颜色空间模式，mode 定义图像中像素的类型和深度。下列不属于 mode 标准模式的有_____。
   A. CMYL　　　　B. L　　　　C. RGBA　　　　D. JPEG

4. 有一个 RGB 模式的图片文件"图片.jpg"，执行下列代码后：
   　　　from PIL import Image
   　　　with Image.open("图片.jpg") as im:
   　　　　　im = im.convert("L")

   图像对象 im 将改变为_____。
   A. 1 位黑白二值图像　　　　　　　　B. 8 位黑白灰度图像
   C. 24 位黑白灰度图像　　　　　　　 D. 24 位彩色图像

5. 有一个 RGB 模式的图片文件"图片.jpg"，执行下列代码后：
   　　　from PIL import Image,ImageFilter
   　　　with Image.open("图片.jpg") as im:
   　　　　　im = im.filter(____)
   　　　　　im.show()

   将实现图像的手写画效果。程序中横线上应为_____。
   A. ImageFilter.BLUR　　　　　　　　B. ImageFilter.EMBOSS
   C. ImageFilter.CONTOUR　　　　　　D. ImageFilter.SHARPEN

6. 有一个 RGB 模式的图片文件"图片.jpg"，执行下列代码后：
   　　　import PIL.Image
   　　　import PIL.ImageEnhance
   　　　im=PIL.Image.open("图片.jpg")
   　　　en = PIL.ImageEnhance.Color(im)

```
en = en.enhance(0)
en.show()
```

图像对象 en 将改变为_____。

A. 8 位黑白灰度图像　　　　　　　B. 8 位彩色图像

C. RGB 模式黑白灰度效果图像　　　D. RGB 模式增强彩色效果图像

7. PIL 提供了操作图像部分区域的方法。若要从图像中提取子矩形，可以使用 crop() 方法；处理完子区域后可以使用 paste() 方法再粘贴在指定区域内，图像的区域是一个四元组(a,b,c,d)，单位为像素，下列_____选项是正确的。

A. a 为左边界，b 为上边界，c 为右边界，d 为下边界

B. (a，b)为左下角坐标，(c，d)为右上角坐标

C. (a，b)为左上角坐标，c 为区域宽度，d 为区域高度

D. a 为左边界，b 为右边界，c 为上边界，d 为下边界

8. 图像可以由一个或多个数据通道组成，对于一个 RGBA 模式图像，执行下列代码，能够将此模式图像的各通道数据提取出来的选项是_____。

```
import PIL.Image
im = PIL.Image.open("图片.jpg")
____
```

A. r，g，b = im. split()　　　　　　B. r，g，b，a = im. split()

C. r，g，b = im. point()　　　　　　D. r，g，b，a = im. point()

9. 将两幅图像合成一幅图像，是图像处理中常用的一种操作，PIL 提供了多种方法将两幅图像合成一幅图像，下列不能实现两幅图像合成操作的是_____。

A. PIL. Image. blend(im1，im2，alpha)　　B. PIL. Image. composite(im2，im1，a)

C. Image. composite(im2，im1，alpha)　　D. PIL. Image. merge(im1，im2)

10. PIL 包含对图像序列（也称为动画格式）的一些基本支持。支持的序列格式文件有 GIF、FLI/FLC 等。打开序列文件时，PIL 会自动加载序列中的第一帧，使用_____选项可以移动到下一帧。

A. image 对象. skip（1）　　　　　　B. image 对象. seek(image 对象. tell()＋1)

C. image 对象. tell(next)　　　　　　D. image 对象. next ()

二、填空题

1. _____是 Python 的第三方图像处理库，由于其强大的功能与众多的使用人数，几乎已经被认为是 Python 官方图像处理库了。

2. PIL 可以做很多和图像处理相关的事情，主要任务有图像归档、图像展示、_____。

3. PIL 库最常用的一些子库有_____、ImageFilter 模块、ImageEnhance 模块。

4. Image 图像类有 5 个处理图片的属性为_____、mode 属性、size 属性、palette 属性、info 属性。

5. 执行下列语句后：

```
import PIL. Image
im = Image. open("图片. jpg")
print(_____)
```

可以显示图像文件宽度与高度。

6. 执行 import PIL.Image 语句后，使用 im = _____("图片.jpg")语句，可以打开"图片.jpg"文件，将图片对象赋值给 im 变量。

7. 执行下列语句后：

    from PIL import Image
    im = Image.open("图片.jpg")
    _____

    可以显示图像文件内容。

8. 执行下列语句后：

    from PIL import Image
    im = Image.open("图片.jpg")
    _____

    可以将图像存储为"图片.gif"格式文件。

9. 执行下列语句后：

    from PIL import Image
    im = Image.open("图片.jpg")
    im = _____

    可以将图像对象 im 顺时针旋转 45 度。

10. 执行下列语句后：

    from PIL import Image
    im = Image.open("图片.jpg")
    im = _____

    可以将图像对象 im 缩放至宽度 150 像素，高度 100 像素。

11. 执行下列语句后：

    from PIL import Image
    im = Image.open("图片.jpg")
    im._____((100,100))
    im.show()

    可以生成图像缩略图。

12. 图像的每个像素点可以通过函数进行处理，下列代码可以将每一个数据值增加 20，达到增白效果。

    import PIL.Image
    im = PIL.Image.open("图片.jpg")
    im = im._____

第 12 章 数据分析

一、单选题

1. 以下各种文件类型中,非常方便作为各应用程序之间交换数据的中介的是_____。

   A. exe B. py C. doc D. csv

2. 关于 Series 对象说法正确的是_____。

   A. Series 是一个多行一列的一维数组结构
   B. Series 是一个多行两列的二维数组结构
   C. 创建 Series 对象时索引只能是由 0 开始的整数索引
   D. 创建 Series 对象时索引只能是指定的整数索引或标签索引

3. 关于 DataFrames 对象说法错误的是_____。

   A. DataFrame 是一个多行多列的二维数组结构
   B. DataFrame 可理解为是由若干个行索引相同的 Series 对象横向合并组成
   C. DataFrame 可以没任何限制地与 Series 作对齐运算
   D. 创建 DataFrame 对象时可以是由 0 开始的整数行、列索引或指定的整数或标签索引

4. csv 文本文件数据全部以字符方式存储,而 pandas 读取 csv 文本文件数据时,可以自动识别部分数据类型。如果不主动做参数说明,pandas 不能自动识别的类型是_____。

   A. 整型 B. 浮点型 C. 布尔型 D. 日期型

5. 执行如下语句后:

   ```
   import pandas as pd
   s=pd.Series([1,2,3])
   ```

   以下语句中,与其他三个选项结果不一致的是_____。

   A. print(pow(s,0.5))
   B. print(s**0.5)
   C. import math
      print(s.apply(math.sqrt))
   D. import math
      print(math.sqrt(s))

6. 执行如下语句后:

   ```
   import pandas as pd
   list_test = [[1,4,7],[2,4,8],[3,6,9]]
   df = pd.DataFrame(list_test,columns=['a','b','c'])
   ```

   以下语句中,与其他三个选项结果不一致的是_____。

   A. print(df[0:2][['b','c']])
   B. print(df.loc[0:2,'b':'c'])
   C. print(df.iloc[0:2,1:3])
   D. print(df.head(2)[['b','c']])

7. 执行如下语句:

   ```
   import pandas as pd
   ```

```
dic_test={'a':[1,2,3],'b':[4,4,6],'c':[7,8,9]}
df =pd.DataFrame(dic_test)
for i in df.index:
    print(i,end=" ")
for i in df.columns:
    print(i,end=" ")
for i in df.shape:
    print(i,end=" ")
```
输出结果中不包括_____。
A. 0 1 2　　　　B. a b c　　　　C. 3 3　　　　D. 123

8. 以下四个函数中,pandas 支持而 Python 内置不支持的是_____。
A. max()　　　　B. min()　　　　C. sum()　　　　D. mean()

9. pandas 合并数据分为重叠合并数据、横向(x 轴)或纵向(y 轴)合并数据以及主键合并数据。以下四个选项中属于按主键合并数据的函数/方法是_____。
A. combine_first()　　B. concat()　　C. append()　　D. merge()

10. 关于 pandas 将 DataFrame 对象生成为数据透视表对象的 pivot_table()方法说法错误的是_____。
A. 通过 index 参数指定列标签以便按其值分组作为数据透视表行标签
B. 通过 columns 参数指定列标签以便按其值分组作为数据透视表列标签
C. 通过 values 参数指定列标签以便将其值作为数据透视表数据
D. 通过将 DataFrame 对象数据依据分组列值是否相同按行进行拆分

二、填空题

1. Python 内置了 csv 模块,利用其_____方法可以从 csv 文件获得列表结构的记录数据,而_____方法则可以把 csv 文件的记录数据读取为字典结构。

2. pandas 创建 Series 或 DataFrame 对象时,默认自动创建整数索引,也可以指定整数序列或字符序列作为索引,_____也称为标签索引。

3. 在使用切片方式访问 Series 或 DataFrame 对象时,整数索引与标签索引作用_____(填"有"或"没有")区别。

4. 执行如下语句:
```
import pandas as pd
s1=pd.Series(list(range(4)))
s2=pd.Series(list(range(4)),index=list(range(1,5)))
print(s1+s2)
```
输出结果是_____。

5. 执行如下语句后:
```
s1 =pd.Series(list(range(4)),index=[1,2,3,4])
s2 = pd.Series(list(range(4)),index = ['1','2','3','4'])
```
"print(s1[1:4])"与"print(s2['1':'4'])"语句结果_____(填"相同"或"不相同")。

6. 执行如下语句后:

```
import pandas as pd
dic_test={'a':[1,2,3],'b':[4,4,6],'c':[7,8,9]}
df = pd.DataFrame(dic_test)
```
与"print(df.iat[1,2])"语句作用等价的语句是_____。

7. 利用 set_index()方法设置 DataFrame 对象行索引后,原默认的整数行索引_____(填"有效"或"无效"),其 columns 属性长度与原长度_____(填"相同"或"不相同")。

8. 按位置访问元素的"iat[行索引,列索引]"方法里的索引以及按位置访问行列切片的"iloc[行索引切片,列索引切片]"方法里的索引只能是_____索引,不能是_____索引。

9. pandas 对 DataFrame 对象数据进行排序的方法有两种。sort_index()方法对对象排序操作是建立在_____基础上的,sort_values()方法对对象排序操作是建立在_____基础上的。

10. pandas 对数据分组是通过_____方法实现的,分组结果_____(填"可以"或"不可以")直接输出,但是可以在分组结果基础上继续做聚合统计。对本大题第 6 题中的 df 对象按'b'列分组统计'a'列平均值的语句是_____。

第 13 章　科学计算

一、单选题

1. numpy 中计算元素个数的方法为_____。
   A. np.sqrt()　　　B. np.size()　　　C. np.itemsize()　　　D. np.ndim

2. numpy 中创建全为 0 的矩阵使用_____。
   A. zeros　　　B. empty　　　C. ones　　　D. arange

3. 有数组 n=np.arange(24).reshape(2,-1,3,2)，n.shape 的返回结果为_____。
   A. (2,3,2,2)　　　B. (2,2,2,2)　　　C. (2,2,3,2)　　　D. (2,4,3,2)

4. numpy 中对数组进行降维，可以使用_____。
   A. arange　　　B. random　　　C. resize　　　D. ravel

5. 已知 a=np.arange(24).reshape(3,4,2)，那么 a.sum(axis=1)的结果为_____。
   A. array([[[0,1],[2,3],[4,5],[6,7]],
             [[8,9],[10,11],[12,13],[14,15]],
             [[16,17],[18,19],[20,21],[22,23]]])
   B. array([[1,5,9,13],[17,21,25,29],[33,37,41,45]])
   C. array([[24,27],[30,33],[36,39],[42,45]])
   D. array([[12,16],[44,48],[76,80]])

6. 已知数组 array=np.arange(9).reshape(3,3)，下列_____操作不能实现数组转置。
   A. array.flatten()　　　　　　　B. array.T
   C. np.transpose(array)　　　　D. array.swapaxes(0,1)

7. 下面_____函数用于绘制散点图。
   A. pie　　　B. hist　　　C. bar　　　D. scatter

8. plt.subplot(223)表示将画布分为两行两列，该图绘制在_____位置。
   A. 左上　　　B. 左下　　　C. 右上　　　D. 右下

9. 在绘制 matplotlib 图形时，下列_____函数用于设置图例。
   A. plot　　　B. figure　　　C. legend　　　D. axex

10. 下列_____图形更适合展示各部分占总体的比例。
    A. 条形图　　　B. 散点图　　　C. 直方图　　　D. 饼图

二、填空题

1. Python 安装扩展库常用的是_____工具。
2. 导入 numpy 库并简写为 np，应该用_____语句实现。
3. 创建一个 10×10 的随机数组，语句为_____，可通过函数_____和_____获得该数组的最大值与最小值。
4. 创建一个三阶的单位矩阵 n=np.eye(3)，n.dtype 返回_____数据类型，n[1][1] 返回_____。

5. 创建一个 3×3 的二维数组,值域为 10 到 49,语句为_____。
6. 已知数组 array=np.arange(9).reshape(3,3),如果要交换数组中的第 1 列和第 2 列,可以通过语句_____实现。
7. 导入 Matplotlib 库的 pyplot 模块,并简写为 plt,应该用_____语句实现。
8. 假设 x=np.linspace(0,10,30),用 plot 方法画出 x=(0,10)间 sin 图像的语句为_____。
9. 绘制水平方向条形图应使用函数_____。
10. _____语句可以设置图表标题为"三角函数"。

参考答案

第1章 Python 程序设计概述

1.1 程序设计

一、单选题

1—5：CCABC 6—10：ABAAA 11—15：DCADD 16—18：BAB

二、填空题

1. 机器

2. 高级语言

3. 重复（或循环）

4. 功能性注释

5. 封装

6. 实例

7. 继承

8. 处理数据

1.2 Python 语言发展概述

一、单选题

1—5：ADDDD 6—10：DAADA 11—13：AAB

二、填空题

1. 交互式　文件式或程序式

2. quit()

3. help()

4. pip

5. py　pyw

6. pyc

1.3 Turtle 绘图

一、单选题

1—5：CBBDA 6—9：DBAA

二、填空题

1. setup()

2. screensize()

3. colormode(255)

4. 顺

5. tracer(False)

1.4 综合应用

一、程序填空题

1. 4　200　d＋90
2. 6　200　60
3. ' black'　' yellow'　begin_fill()　200
4. 4　90＊(i＋1)　－90＋i＊90

二、编程题

1. t.right(－30)
   for i in range(2)：
   　　t.fd(200)
   　　t.right(60＊(i＋1))
   for i in range(2)：
   　　t.fd(200)
   　　t.right(60＊(i＋1))

2. for i in range(4)：
   　　turtle.right(90)
   　　turtle.circle(50,180)

3. turtle.begin_fill()
   for i in range(4)：
   　　turtle.circle(－90,90)
   　　turtle.right(180)
   turtle.end_fill()

第2章　数据类型与运算符

2.1　标识符及命名规则

一、单选题

1—5：CAABC　6—10：ABCCD

二、填空题

1. ；或 分号
2. \ 或反斜杠
3. 缩进对齐
4. 字母或下划线
5. 区分
6. 关键字或保留字

2.2　基本数据类型

一、单选题

1—5：ACBCA　6—10：BAAAA　11—15：DAABD　16—20：CDBAB　21—25：BCCDA　26—29：DBAD

二、填空题

1. 整型　浮点型　复型

2. 列表　元组　字典
3. type()
4. 1.0
5. /　//
6. 2.25　2.0　0.5
7. 3.0
8. 5.0
9. None
10. 83

2.3　赋值语句

一、单选题

1—5：CCCBC　6—10：DBAAD　11—13：BAD

二、填空题

1. 指向　别名
2. 9
3. 解包　链式赋值　链式　解包
4. x＝x/(x＊y＋z)
5. 4　3
6. input()　字符串

2.4　输入输出语句

一、单选题

1—5：DCCCD

二、填空题

1. print()　换行
2. AAA—BBB!
3. 1;2;3
4. ＝＝＝＝＝＝＝3.1416＝＝＝＝＝＝＝
5. eval(input())

2.5　综合应用

一、程序改错题

s＝fsum([a,b,c])
zcj＝0.5＊a＋0.3＊b＋0.2＊c

二、程序填空题

1. int(input("Please enter first integer："))
   int(input("Please enter second integer："))
   x＋y
2. last－start
   oil/s＊100
3. n//10％10
   g＊100＋s＊10＋b

三、编程题

1. import math
   x = math.sqrt((3**4 + 5*6**7)/8)
   print("{:.3f}".format(x))

2. import math
   x1,y1=eval(input("请输入第一个点坐标："))
   x2,y2=eval(input("请输入第二个点坐标："))
   dist=math.sqrt((x2-x1)**2+(y2-y1)**2)
   print("{:.2f}".format(dist))

3. h=x//60
   m=x%60
   print('{}小时{}分钟'.format(h,m))

第 3 章　Python 流程控制

3.1　顺序结构

一、单选题

1—5：DAACD

二、填空题

1. None
2. id()
3. True
4. True

3.2　选择结构

一、单选题

1—5：DBADA　6—10：BCACD　11—14：AACB

二、填空题

1. 缩进对齐
2. i%3==0 and i%5==0
3. True
4. True
5. True
6. True
7. 3
8. 5
9. False
10. False
11. True
12. 'Y'
13. 50
14. 6
15. 20

3.3 循环结构

一、单选题

1—5：DCAAA　6—10：ADABD　11—15：AAACA　16—20：ACACA　21—22：CA

二、填空题

1. 4
2. 2
3. 6
4. 012234
5. 1　1
6. 无限或无数次
7. 36
8. break
9. continue
10. 会

3.4 异常及其处理

一、单选题

1—5：BDDCC　6—10：CDCCD

二、填空题

1. 异常或异常处理　try-except
2. SystemExit
3. Exception
4. try　except　except　异常类型
5. BBB

3.5 标准库的使用

一、选择题

1—5：ACBCD　6—10：DDDCB　11—15：AADCB　16：D

二、填空题

1. choice()
2. 不重复
3. shuffle()
4. from m import *　或 import m
5. import math　from math import *
6. 复数　fsum()　gcd()　trunc()　ceil()　floor()　pi　e

3.6 综合应用

一、程序改错题

1. for k in range(4,n+1):或 for k in range(3,n):
   sum+=math.sqrt(s)
   print("该数列的前{}项的平方根之和为:{:.6f}".format(n,sum))

2. break
   if j%a==0 and j%b==0 and j%c==0:

3. break

    b = num//10%10

    if a<b and a<c:

4. count = 2

    for i in range(3, n+1):

    x1, x2 = x2, x3

5. n = 0

    while abs(y*y−x)>=1e−8:

    print(math.sqrt(x))

6. total = 0

    while(num ! = −2):

    if count>0:

7. for i in range(1, m+1):

    for m in range(1, 4+1):

    print(" * ", end='')

8. PI = 0

    while abs(PI * 4 − math.pi) >= 1e−6:

    print("PI=", PI * 4)

二、程序填空题

1. >=

    ' B'

    else:或 elif score<60:或 elif score<=59:

    grade

2. a<=100:

    b, a + b

3. 1000 或 999+1

    //

    ==

4. 2

    i%j==0

5. random.seed(123)

    10

    random.randint(1,999)

6. x>0 and x%2==0 或 x%2==0 and x>0

    math.sqrt(x)

    :.2f

7. range(2000,2061) 或 range(2000,2060+1)

    year%4==0 and year%100! =0 或 year%100! =0 and year%4==0

    .format(year)

8. from random import * 或 from random import randint

    break

    n=n+1 或 n += 1

9. import random

    30,50

　　　　i
10. eval 或 int
　　　i%15==0
　　　else

三、编程题

1. x = eval(input('Please input x:'))
    if x<0 or x>=20:
        print(0)
    elif 0<=x<5:
        print(x)
    elif 5<=x<10:
        print(3*x-5)
    elif 10<=x<20:
        print(0.5*x-2)

2. while True:
        N = input(" ")
        if type(eval(N)) == type(1.0):
            print(eval(N))
            break

3. s = 0
    for i in range(eval(N), eval(N)+100):
        if i%2 == 1:
            s += i

4. i=1
    f=0
    while(i<=n):
        if(i%3==0):
            f=f+i
        i+=1

5. x = 1
    for day in range(1,n):
        x = (x+1)*2

6. for a in range(1,10):
        for b in range(0,10):
            for c in range(1,10):
                for d in range(0,10):
                    x=a*1000+b*100+c*10+d
                    y=c*100+d*10+c
                    z=a*100+b*10+c
                    if x-y==z:
                        print(x)

7. while True:
        try:
            a = input()

```
               print(100/eval(a))
               break
       except:
           ""
```

8. ```
   for i in range(1,n+1):
       pi += (-1)**(i-1)/(2*i-1)
   print("pi=",pi*4)
   ```

9. ```
   a=random.randint(10,99)
   b=random.randint(10,99)
   c=random.randint(10,99)
   
   for i in range(min(a,b,c),0,-1):
       if a%i==0 and b%i==0 and c%i==0:
           print("最大公约数:{:>6}".format(i))
           break
   for i in range(max(a,b,c),a*b*c+1):
       if i%a==0 and i%b==0 and i%c==0:
   ```

10. ```
    import math
    
    h = (a+b+c)/2
    area = math.sqrt(h*(h-a)*(h-b)*(h-c))
    print("三角形的面积为:{:.1f}".format(area))
    ```

11. ```
    for i in range(1, 101, 2):
        sum = sum + i
    ```

12. ```
    if n%i == 0:
        print(n,"不是素数")
        break
    else:
        print(n,"是素数")
    ```

第4章 字符串

4.1 字符串及其基本运算

一、单选题

1—5：ADCBC 6—10：CADAD 11—15：CABBA 16—20：AADBA
21—25：CACDA 26—30：DBDDC 31—35：AADAA 36：D

二、填空题

1. 单引号 双引号 三双引号或三单引号
2. 不可
3. '45'
4. 'Y'
5. True
6. -1 len(s)-1
    ```

7. 0
8. -1
9. 'd' 'de' 'abcde' 'defg' 'aceg' 'gfedcba'
10. 'defgabc'
11. ['A','A','A']
12. 2
13. ['a','b','c'] ['a,b','c'] ('a',',','b,c') ('a,b',',','c') 'a:b:c' 'x:y:z'
14. RED HAT 'RED HAT' 'Red Hat' 'red cat'
15. False

4.2 字符串的格式化

一、单选题

1—5：BCBAA 6—9：DBDD

二、填空题

1. ====3.1416====
2. 数量100,单价285
3. 数量100,单价285.60
4. 数量100,单价285.600
5. '65,0x41,0o101'

4.3 正则表达式

一、单选题

1—5：ACDDA 6—10：DADDC 11：C

二、填空题

1. ^[1][3-9]\d{9}$
2. ^\w+([-+.]\w+)*@\w+([-.]\w+)*\.\w+([-.]\w+)*$
3. ^(http|https)://([\w-]+\.)+[\w-]+(/[\w-./?%&=]*)?$
4. ^[1-9]\d{16}[\dXx]$
5. ^\d{4}-\d{2}-\d{2}$
6. ^((?:(?:25[0-5]|2[0-4][0-9]|[01]?[0-9][0-9]?)\.){3}(?:25[0-5]|2[0-4][0-9]|[01]?[0-9][0-9]?))$
7. ^[1-9]\d{5}$
8. <(\S*?)[^>]*>.*?</\1>|<.*?/>
9. ^[\u4e00-\u9fa5]+$
10. ^\d+$
11. ^[A-Za-z]+$
12. None
13. r、R
14. ?
15. 'a1bbbb1c1d1e'

4.4 综合应用

一、程序改错题

1. d=0

d=d*2+int(s[0])

   s=s[1:]

2. b=str(a)

   shi=int(b[0])

   ge=int(b[1])

3. num=" " 或 num=str()

   if len(num)==0:continue

二、程序填空题

1. "{:->20d,}".format(eval(n))

2. "{:>30,}".format(12345678.9)

3. 0:b

   0:d 或者 0

   0:o

   0:x

   0x4DC0+50

4. int(input("请输入一个1-12的整数:"))或 eval(input("请输入……整数:"))

   pos:pos+3

5. "{:>3}%@{}".format(N,"="*(N//5))或"{0:>3}%@{1:=<{2}}".format(N,"",N//5)

6. " '"

   pair//2

   pair//2

7. num=""

   len(num)>0

   ""

8. cnt2=0

   int(str(n)[::-1])

   cnt2/cnt1

9. r'\b(\w+)(\s+\1){1,}\b'

   matchResult.group(1),x

   r'(?P<f>\b\w+\b)\s(?P=f)'

   matchResult.group(0),matchResult.group(1)

三、编程题

1. if s[0] == s[-1] and s[1] == s[-2]:

       print("{}是回文数".format(s))

   else:

       print("{}不是回文数".format(s))

2. s=input()

   lst=list(map(int,s.split(",")))

   print(max(lst))

3. m = s.count(',') + s.count('?')

   n = len(s) - m

4. s = input("")

   print(s.replace("py","python"))

5. while True:

```
    N = input(" ")
    flag = True
    for c in N：
        if c in "1234567890"：
            flag = False
            break
    if flag：
        break
print(N)
```

6.
```
for index in range(abs(4 - n))：
    print(" ", end="")
for index in range((4- abs(4 - n)) * 2 -1)：
    print(" * ", end="")
print()
```

7.
```
for i in range(5)：
    for j in range(4-i)：
        print(" ",end="")    #第一对引号中包含一个空格,第2个中无空格
#以上循环可用 print(" " * (5-i),end="")语句替换
    for j in range(2 * i+1)：
        print(chr(ord("A")+i),end="")  #ord('A')的值为 65
    print()
```

8.
```
import re
x = input(' Please input a string：')
pattern = re. compile(r'\b[a-zA-Z]{3}\b')
print(pattern. findall(x))
```

第 5 章　列表与元组

5.1　列　表

一、单选题

1—5：DCACC　6—10：BCCAA　11—15：ACCAC　16—20：AACCA　21—25：CDBAA　26—30：AABDC　31—33：DCD

二、填空题

1. 0　[]
2. [3, 4]　[1, 3, 5, 7, 9]　9　[9, 8, 7, 6, 5, 4, 3, 2, 1]
3. b = a[::3]
4. True　TrueFalse True True
5. 5
6. r　0　　False
7. True　3
8. [4, ' x', ' y']
9. x. insert(len(x),a)或 x. extend([a])或 x+=[a]
10. 7

11. [1, 2, 3, 1, 2, 3, 1, 2, 3]

12. False

13. [5, [1, 2], ' a ']

14. None

15. [5 for i in range(10)]

16. [True, True, True, True]

17. True

18. None　列表排序方法无返回值,默认为 None

　　x.sort()　＃[1,2,3,4]

　　x＝x.sort()　＃None

19. [6, 7, 8, 9]

20. [[1], [1], [1]]

21. [[1], [], []]

22. [0, 2, 1, 4, 2]

23. [True, 2, True, 4, True]

24. [1, 4, 3, 2, 5]

25. [1, 2, 3]

5.2　元　　组

一、单选题

　　1—5：ACCAA　6—7：CC

二、填空题

1. 不可以

2. 不可以

3. (1, 2, 3, 4, 5)

4. (1, 2)

5. (0,1) [0,1]

6. True False

7. (1,' 3',' 2',' 1')

8. 3

9. (True, 5)

10. (3, 3, 3)

5.3　综合应用

一、程序改错题

1. a ＝ [x for x in range(1,n+1)]

　　if len(a) ％ 2! ＝ 0：

2. mid＝(low＋high)//2

　　elif(m＞a[mid])：

3. guests2＝[]

　　if guest[0]＝＝"张"：

　　for i in range(len(guests2))：或 for i in range(0,len(guests2))：

4. for i in range(2,301)：

　　notprimes.insert(0,i)

    print(primes)
5. for j in range(1,i+1):
   separator="" if i!=j else "\n"或 separator="\N" if i==j else " "
   ls.append(element)
6. resultList=result.split(',')
   for i in range(4):
   mostComment=comments[commentCnts.index(most)]
7. for i in range(10000):
   faces[face1+face2] += 1
   rate = faces[i] / 10000

二、程序填空题

1. append
   remove
2. random
   random.choice
3. s = 0
   range(3):
4. isinstance(item,int)
   s += item
5. nums = n.split(",")
   s += eval(i)
6. []
   len(l)
   l[i]
7. m
   a[len(a)-1]
   a[0]
8. [i][i]
   2,10
   lst[i-1][j-1]+lst[i-1][j]

三、编程题

1. lists = []
   for i in range(1, x):
       if x % i == 0:
           lists.append(i)
2. lst=[]
   while True:
       s = input()
       if s in ["y", "Y"]: break
       lst.append(s)
   for item in lst:
       print(item)
3. import random

```
x = [random.randint(0,100) for i in range(20)]
print(x)
y = x[::2]
y.sort(reverse=True)
x[::2] = y
print(x)
```

4. ls.insert(ls.index(789)+1, "012")

5. print(ls.index(789))

6. N = input("")
   print(int(N[::-1]))
   或
   N = input("")
   t=list(N)
   t.reverse()
   s="".join(t)
   print(s)

7. for i in range(1,n+1):
       list.append(a/b)
       c=a
       a=a+b
       b=c

8. if (x!="A") + (x=="D") + (x!="C") + (x=="C")==3:
       print("\n 小偷是:",x)
       break

第6章　字典与集合

6.1 字　典

一、单选题

1—5：BCBAB　6—10：CDACD　11—15：ADDDA　16—20：ABCAA　21—24：DACD

二、填空题

1. 由 0 个或多个键值对组成

2. 大括号　键　值　键

3. 'banana'

4. 0

5. 6

6. {3:'c',1:'x'}

7. 2

8. 15

9. 食品

10. c = dict(zip(a,b))

11. [(1, 1), (2, 3), (3, 3)]

12. {'x':1,'y':2}

13. {0, 1, 2, 3, 4, 5, 6, 7}

6.2 集　合

一、单选题

1—5：DCDAC 6—9：ADAB

二、填空题

1. 不重复
2. {1,2,3}
3. {3,4}　{1,2,3,4,5}　{1,2}
4. {1,2,3,5}　{2,3,5}　{1}
5. True
6. True
7. {0,1,2,3,4,5,6,7}

6.3 综合应用

一、程序改错题

1. for key,value in dict.items()：
   　　name=key

2. for k,v in myDict.items()：
   　　length=len(v) 或 length=len(myDict[k])

3. dicAreas=dict(dictemp)
   for ocean,area in dicAreas.items()：
   lst.sort(reverse=True)

4. dicTXL.update(dicOther)
   if name not in dicResult：
   for name,[phone,wechat] in dicResult.items()：或 for name,(phone,wechat) in dicResult.items()：

5. ls.append(randrange(0,21)) 或 ls.append(randint(0,20))
   s=set(ls)
   ls2=sorted(s)

6. counts={}
   counts[c] = 1
   print(counts)

7. print(setI | setT)
   print(setI — setT)
   print(setI ^ setT)

8. for k,v in dicStus.items()：
   cnts[v[0]]=cnts.get(v[0],0)+1
   names.append(k) 或 names.insert(len(names),k)

9. dict={"li":18,"wang":50,"zhang":20,"sun":22}
   forkey,value in dict.items()：
   name = key

10. for k,v in myDict.items()：
    length=len(v)
    print('{}:{:.1f}'.format(k,s/length))

11. mail=dicMAIL[k]["邮箱"]

    mail=dicTXL[k]["QQ"]+"@qq.com"

    for k,v in dicTXL.items():

二、程序填空题

1. sentence.lower()

   counts.get(c,0)+1

2. randint

   50

   0

3. list(d.values())

4. sum = 0

   for i in dictMenu.values():

5. time

   myD.items()或 dict.items(myD)

   1

6. copy()

   k,v

   get(k,0)

7. d1[k]

   d1[k][k1]

   d1[k].values()

8. dicWX

   dicTXL[k][0]

   WX

三、编程题

1. d = {"数学":101,"语文":202,"英语":203,"物理":204,"生物":206}

   d["化学"] = 205

   d["数学"] = 201

   del d["生物"]

   for key in d:

   print("{}:{}".format(d[key], key))

2. d = {}

   for word in ls:

       d[word] = d.get(word, 0) + 1

   for k in d:

       print("{}:{}".format(k, d[k]))

3. ls=[str(i) for i in range(1,n+1)]

   count=math.factorial(n)

   s=set()

   while len(s)<count:

       random.shuffle(ls)

       s.add("".join(ls))

   s=sorted(s)

   for item in s:

       print(item)

第7章 函 数

7.1 函数的概念

一、单选题

1—5：ADADA　6—10：BCCDC

二、填空题

1. def　冒号
2. 1,2,3
3. def
4. None
5. 15

7.2 函数的定义和使用

一、单选题

1—5：DCBDB　6—10：BBADC　11—12：AB

二、填空题

1. 形式参数　实际参数
2. None

7.3 函数的参数

一、单选题

1—5：AACBA　6—10：CCCBB　11—14：DBBD

二、填空题

1. -2
2. 6
3. 6
4. 'xyz'

7.4 lambda 函数

一、单选题

1—5：BCDCA　6—9：DBCB

二、填空题

1. 5
2. {5:10}
3. 15
4. [3]
5. ['abc','acd','ade']
6. 4 4 4

7.5 变量的作用域

一、单选题

1—5：BBAAD　6—10：BBABB　11—13：BDB

二、填空题

1. 局部

2. 全局

3. 局部　全局

4. global

5. 4　0

7.6　函数的递归调用

一、单选题

1—5：CCCAD

二、填空题

1. 它自己　或　它自身　或　它本身

2. 终止条件　或　基例

7.7　综合应用

一、程序改错题

1. if n == 1：

   c = age(n − 1) + 2

   print(age(5))

2. return result

   for j in range(2, i//2+1)：

   if prime(j) and prime(i−j)：

3. c=n%10 或 c=n−a*100−b*10

   f = lambda x：narcissus(x)

   print(sorted(s))

4. return [x[0].upper() for x in lst]

   if c in ch：

   print("".join(fun(sentence)))

5. sum = 0

   for i in range(n1, n2+1)：

   return sum

6. for key in d：

   total += d[key]

   print(commonMultiple(group1=5, group2=20))

7. right = 0

   if origin_char == user_char：

   return right/len(origin)

二、程序填空题

1. 1,n+1

   pro*i

   n+1

   s+cal(i)

2. m,n

   abs(m−n)

   f[0],f[1]

3. num

8,j

count

m

4. n*jie(n－1)或 jie(n－1)*n

1 或 n

n－2

sum(n)

5. n,jz＝8

n＜10

t＝n％jz

三、编程题

1. if (year ％ 4) ＝＝ 0 and (year ％ 100) !＝ 0 or (year ％ 400) ＝＝ 0：

    return True

else：

    return False

2. X ＝ 1

S ＝ 0

F ＝ 1

for I in range(1，n＋1)：

    S ＝ S ＋ F * X

    X ＝ X ＋ 2

    F ＝ －F

return S

3. if (index ＋ 1) ＝＝ len(strinfo)：

    print(end="")

else：

    fun(strinfo，index ＋ 1)

print(strinfo[index]，end="")

4. if(n＝＝1)：

    return a

else：

    r＝fun(n－1,a)*10＋a

return r

5. if z＜＝ 1：

    return z

else：

    return(fib(z－1)＋ fib(z－2))

第 8 章　文　件

8.1　文件的操作

一、单选题

1—5：ACCBD　6—10：BBCDD　11—15：DBBDD　16—20：BBCDB　21：D

二、填空题

1. ASCII 文件 或 文本文件 二进制文件 ASCII 文件 或 文本文件 二进制文件
2. open()
3. read() readline() readlines()
4. 起始位置 当前位置 文件末尾
5. exists()
6. listdir()
7. with

8.2 csv 文件操作

一、单选题

1—5：ACCAA　6：A

二、填空题

1. writerow()　　逗号
2. writerows()

8.3 综合应用

一、程序改错题

fp = open(filename，"w+")或 fp = open(filename，"w")
fp.write(ch)

二、程序填空题

1. 'w'或'w+'或'wt'
   upper()
   'r'或'r+'或'rt'
   close()
2. "a.txt"，"x"
   except

三、编程题

1. fp = open(r'D:\test.txt'，'a+')
   print('hello world'，file=fp)或 f.write("hello world")
   fp.close()
2. txt = fi.read()
   txt = txt.replace("turtle"，"t")
   txt = txt.replace("import t"，"import turtle as t")
   fo.write(txt)
   fi.close()
   fo.close()
3. s=fi.read()
   s=s.replace(" ","")
   s=s.replace("\n","")
   count={}
   for ch in s：
   　　count[ch]=count.get(ch,0)+1
   lst=[(k,v) for k,v in count.items()]

lst.sort(key=lambda x:x[1],reverse=True)

lst1=[item[0]+":"+str(item[1]) for item in lst]

fo.write(",".join(lst1))

fi.close()

fo.close()

4. import os

def prime(n):

　　if n<2:return False

　　for i in range(2,n):

　　　　if n%i==0:return False

　　return True

#检测文件夹是否存在,设置当前工作文件夹

if not os.path.exists(r"d:\python"):

　　os.mkdir(r"d:\python")

os.chdir(r"d:\python")

#向素数列表文件中写入素数

lst=[i for i in range(1,1001) if prime(i)]

with open("素数列表.txt","w") as fp:

　　for i in range(len(lst)):

　　　　fp.write(str(lst[i])+" ")

　　　　if (i+1)%10==0:fp.write("\n")

#从素数列表文件中读取每行数据,求和后写入每行素数的和文件中

fp1=open("素数列表.txt","r")

fp2=open("每行素数的和.txt","w")

lst1=fp1.readlines()

for item in lst1:

　　ls=list(map(int,item.split()))

　　fp2.write(str(sum(ls))+"\n")

fp1.close()

fp2.close()

第9章　文本分析

一、单选题

1—5:CCDBA　6—10:BDABD

二、填空题

1. import jieba　ls=jieba.lcut(txt)

2. input　len(txt)　len(jieba.lcut(txt))

3. 文本生成　频率生成

4. jieba.add_word()

5. import jieba.posseg

6. 根据词频生成词云　根据文本生成词云

7. to_file()

8. WordCloud

第 10 章　网络爬虫

一、单选题
1—5：ADABC　6—10：DDCBB

二、填空题
1. 查看源-文件
2. 统一资源定位符
3. <>
4. text
5. 200
6. pip install BeautifulSoup4
7. string
8. next_siblings
9. contents
10. 1

第 11 章　图像处理

一、单选题
1—5：CDDBC　6—10：CABDB

二、填空题
1. PIL 或 Python Image Library
2. 图像处理
3. Image 模块
4. format 属性
5. im.size
6. PIL.Image.open
7. im.show()
8. im.save("图片.gif")
9. im.rotate(315)或 im.rotate(－45)
10. im.resize(150,100)
11. thumbnail
12. point(lambda x：x＋20)

第 12 章　数据分析

一、单选题
1—5：DACDD　6—10：BDDDD

二、填空题
1. reader()　DictReader()
2. 字符索引
3. 有
4. 0　　NaN

1   1.0
2   3.0
3   5.0
4   NaN
dtype：float64

5. 不相同

6. print(df.at[1,'c'])

7. 有效　不相同

8. 标签　整数

9. 行索引　列标签

10. groupby()　不可以　df.groupby('b')[['a']].mean()

第13章　科学计算

一、单选题

1—5：BACDD　6—10：ADBCD

二、填空题

1. pip

2. import numpy as np

3. np.random.random((10,10))　max()　min()

4. float　1.0

5. array＝np.random.randint(10,50,size=9).reshape(3,3)

6. array＝array[:,[1,0,2]]

7. import matplotlib.pyplot as plt

8. plt.plot(x,np.sin(x))

9. barh()

10. plt.title('三角函数')

参 考 文 献

[1] 董付国. Python 程序设计基础[M]. 2 版. 北京:清华大学出版社,2018.
[2] 嵩天,礼欣,黄天羽. Python 语言程序设计基础[M]. 2 版. 北京:高等教育出版社,2017.
[3] 刘鹏,张燕. Python 语言[M]. 北京:清华大学出版社,2019.
[4] 沙行勉. 编程导论[M]. 北京:清华大学出版社,2018.
[5] 吴萍. Python 算法与程序设计基础[M]. 2 版. 北京:清华大学出版社,2017.
[6] 张莉,金莹,张洁,等. Python 程序设计教程[M]. 北京:高等教育出版社,2018.
[7] 赵璐. Python 语言程序设计教程[M]. 上海:上海交通大学出版社,2019.
[8] 江红,余青松. Python 程序设计与算法基础教程[M]. 北京:清华大学出版社,2017.
[9] 王娟,华东,罗建平. Python 编程基础与数据分析[M]. 南京:南京大学出版社,2019.
[10] [美]埃里克·马瑟斯. Python 编程:从入门到实践[M]. 袁国忠,译. 北京:人民邮电出版社,2016.
[11] McKinney W. Python for Data Analysis[M]. California:O'Reilly Media,2012.